/太空环游记/
星际探秘

Taikong Huanyouji
Xingji Tanmi

星星姐姐——著　小毛象——图

顾问：孙风雷　屠　军　陈荣林

作者：谢梦璐　桂　彬　叶玲玲　马央鸿

　　　马宏杰　吴旭聪　陈银科　林　梦

　　　操　虎　孙银芳　邢　露　陈雪姣

CSK 湖南科学技术出版社

推荐序

这是一本写给儿童的、包含了丰富天文知识的科普故事书。

说到星空，我们很自然地就会想到天上的银河和散落在天空各处构成星座的恒星，以及我们所熟悉的八大行星，甚至于想起距离地球很远的其他星系。然而这些丰富的天文知识，很多都是最近的 400 年之内获得的。在现代智人出现的几十万年的时间里，人类一直在利用观测能力有限的眼睛观察着星空中的变化。然而，在 1609 年一个晚上，意大利的青年科学家伽利略坐在自家后院休息。当时他的心情很是不错，因为自制的望远镜捐赠给当地贵族，他自己得到了不少赏金。那天晚上天气甚好，月亮显得分外明亮，吸引了他的不少注意力，他随手拿起自制的望远镜，尽管现在看来简陋，口径只有 3.7 厘米，不过在当时可是最先进的。他将望远镜指向高挂在深邃夜空中的月亮，看到的景象让他大吃一惊。从亚里士多德的古希腊时代起，月亮就被认为是光洁无瑕的。然而他看到月亮的表面存在着许许多多大小不一深浅不一的环形山。第一次，人类深入认识宇宙的大门就这样偶然被打开。

自此之后，伽利略利用望远镜发现了更多的之前未知的天体和现象，木星周围的卫星被发现，银河被分解成了数目众多的恒星，这一切都在不断地颠覆着伽利略本人和当时人们对于宇宙的认知。人们不仅仅知道了行星是在围绕着太阳运转，也不仅仅知道存在着金木水火土五大行星，还有更多的行星和其他小天体存在，它们都在围绕着中心的太阳运转。而如今，我们已知道，太阳系内包含的天体数目远超我们想象，太阳系内的大行星可以分为类地行星和类木行星。而且整个的宇宙要比我们 100 年前所了解的宇宙更加辽阔。我们的宇宙大小不是几十万或者几百万光年，而是几百亿光年，这其中所包含的天文知识真是太多太多了。想当年一个人可以上知天文下知地理，而如今，一个人根本无法通晓某个学科，深入了解一个小小的领域已经算是专家了。

人类 1977 年发射飞行器——旅行者一号，历经 40 多年的时间，跑到了人类探测器的最远地方，不过也才跑了不到 1 光年，还未真正飞出太阳系。而在本书中，作者以特殊的接近光速的飞船，以及通过特殊的通道——虫洞，带领各位读者快速地穿越太阳系，去领略各种天体奇观，通过旅行的方式把这些天文知识串联到了一起。

美国的天文学家卡尔·萨根曾经说："我们都是星尘。"我们每一个人都是宇宙的精灵，因为组成我们人体的每一个元素或者是来自于138亿年前的宇宙大爆炸，或者是来自于之后的恒星演化。如果我们仔细观察我们周围的小朋友，几乎每一个人都充满了对于星空和宇宙的好奇。在他们最想了解星空的时候，给予他们尽可能最多的满足，因为这将对他们的未来成长产生非常重要且积极的影响。

开阔的视野可以让一个人在日后的社会生活中更加积极并且不畏险阻。同样是美国的天文学家尼尔·泰森就曾说："想想一个成年人如何看待孩子们认为大不了的创伤：打翻的牛奶、摔坏的玩具、擦伤的膝盖。作为成年人，我们知道孩子对什么是真正的问题一无所知，因为缺乏经验大大地限制了他们作为儿童的观念。孩子们还不知道这个世界不是围着他们转的。""现在想象一个世界，其中每个人，特别是有权势和影响力的人，对我们在宇宙中的位置拥有开阔的眼界。如果从这个视角出发，我们的问题就会缩小，或者根本不会出现。"

最近几年，在科学传播领域大家都在讨论的一个热门话题就是：什么样的传播方式最好。尽管争论很多，大家唯有一点有着共同看法，那就是故事。好的故事不仅仅更加易懂，而且更容易打动人心。本书正是通过讲故事的方式，配以可爱的插图，让小读者们在有趣的故事中获得天文知识，开阔他们的视野，满足他们心中的星空好奇感，这或许是对他们成长最大的帮助。愿这本书能够照亮他们对于宇宙的好奇心，推荐之。

苟利军

中国科学院国家天文台研究员

恒星级黑洞团组首席科学家

中国科学院大学教授

《中国国家天文》杂志执行总编

2050年3月6日
登上月球

2050年3月12日
抵达太阳

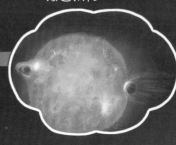

2050年3月19日
漫游类木行星

2050年3月24日
到达冥王星

2050年3月25日
发现虫洞

2050年3月29日
俯瞰银河系

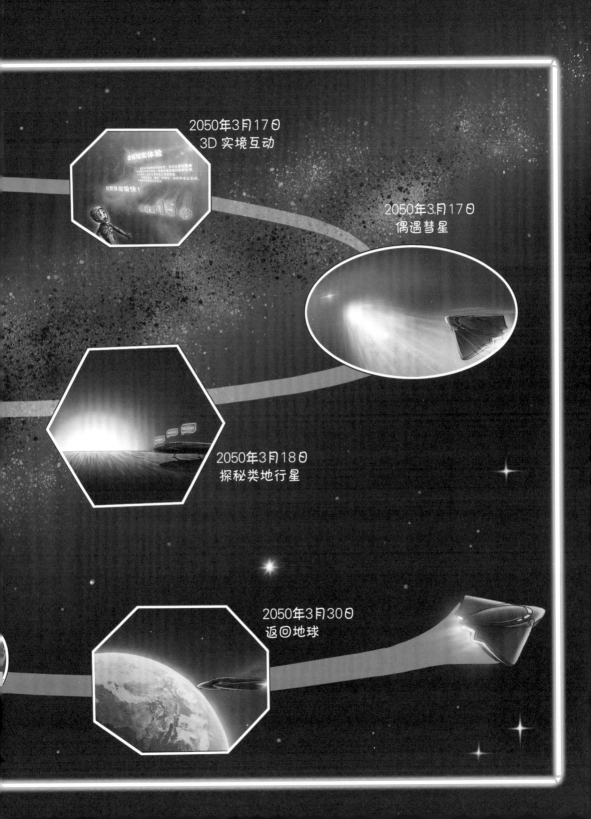

角色介绍

小智

姓　　名： 南天智

基本信息： 洒泉太空学校五年级学生，出生于2038年12月24日，故事发生时12岁。

爱　　好： 阅读，科学探索。

性　　格： 好奇心重，求知欲强，比较冲动，渴望冒险。

理　　想： 成为一位国际知名的天文学家。

太白

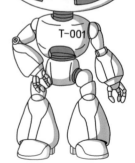

型　　号： 智能太空机器人T-001号

基本信息： 洒泉太空基地研发中心在2050年1月研制成功的一款机器人。作为追梦号太空飞船的专属搭配，是"太空追梦计划"的核心技术之一。

特　　长： 具有强大的人工智能内核，内置海量天文信息，堪称一座移动的天文图书馆。

性　　格： 忠诚，拥有虚拟情感系统。

理　　想： 以完成主人设定的任务为"人生"最高目标。

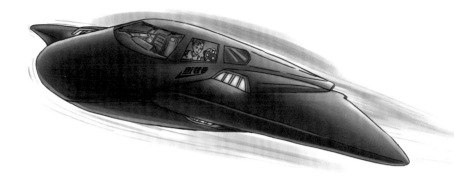

追梦号

基本信息： 人类航天史上第一艘支持星际飞行的载人
航天飞船。

装　　备： 配备最新的推进器，能启动光速飞行模式，
装载着全球最先进的科考仪器，拥有能自
动控制飞船航行的超级计算机"朱雀"。

任　　务： 首飞任务为完成光速飞行模式测试，自动
进行太阳系探索，考察外行星等，后调整
为全力配合小智探索星际。

Z博士

神秘的国际顶尖天文学家。

目 录
Contents

1

神秘的 Z 博士

汉代天文学家张衡曾经说过："人生在勤，不索何获？"

2080 年 2 月 28 日，酒泉太空基地探测到木星附近出现了一种奇怪的波动信号，似乎有什么神秘能量，正在干扰那个空间。3 月 6 日，这个信号在持续增强之后，呈现稳定状态。

汇集了全球最顶尖天文学家的"戴森球项目组"猜想：这个信号可能是人类寻找多年未果的虫洞[1]！

实验室里正在进行一场激烈的讨论：

X 博士说："虫洞理论的提出已经很多年了，我们从来没有在宇宙空间找到过一个真正的虫洞，我想，这次这个，是虫洞的可能性也不大。"

Y 博士说："20 年了，我带领的研究团队一直在尝试制造一个稳定的虫洞，但是我们最好的成绩，也只是在微观领域造出一个虫洞。如果木星附近那个信号真的来自虫洞，那将是人类探索宇宙的一个里程碑式的飞跃啊！毕竟，通过虫洞，空间跳跃、时间穿梭等科学猜想，都将有可能实现！"

Z 博士说："根据 FAST[2] 捕获的数据分析，这个信号和以前我们收到的信号有很大差异，我认为，它是虫洞的可能性很大。但是，在地球上分析数据，不确定性太多了。我想，我们应该亲自去木星附近发出信号的区域考察，以获得第一手资料。"

3

X博士说："哦！亲爱的Z，我赞同你的观点。但是，面对一个完全无法预知的事物，亲自前往考察太危险了，是不是可以派智能机器人去呢？"

Z博士说："智能机器人虽然已经具备了比较强大的科考能力，但是，面对虫洞信号这样复杂多变的未知事物，恐怕应付起来还是有很大的困难。我坚持亲自前去考察，希望组长能批准我的请求！"

"Z，你面对未知世界的无畏精神一直是我们所有人都十分敬佩的。"Q博士（组长）沉思片刻后，继续说，"我将授权你使用最新型的追梦83号飞船，同时派智能太空机器人T-108号作为你的助手，前往木星进行实地考察。一定要注意安全！"

追梦83号飞船发射成功，Z博士带着T-108号来到木星附近。木星的大红斑近在眼前，像一只怪兽的眼睛，瞪得老大。

"搜索信号，确定坐标！"Z博士向T-108号发出指令，智能机器人开始工作，不一会儿，他就确定了信号发源地的精准坐标。

"我们谨慎一些，定位到离坐标0.5个天文单位[3]的位置，再测定一次信号数据。同时，每隔两分钟向地球基地发回我们的坐标，这可要比用望远镜捕获信号精确多啦！"

追梦 83 号缓缓地向指定坐标区滑行过去，信号越来越强。在距离信号源 0.5 个天文单位时，追梦 83 号自动导航仪表盘开始受到干扰。

"能量很强大啊，可还是不能确定它就是虫洞，我们需要再近一些。"

"再靠近的话，自动导航系统可能会快速失去导航能力。"T-108 号反馈。

"那就手动操作！"Z博士一咬牙，不想在关键时刻放弃。

近一些、再近一些……

"呀！T-108，快发回信息，我看到前方有明显的空间扭曲，十分接近理论模拟的虫洞……"突然，一股强大的力量吸住了追梦83号。

"飞船失控！飞船失控！3秒钟后将掉入未知空间！"

……

Z博士从短暂的晕眩中清醒过来后，立刻查看周围的环境。嗯，回到了地球？等等，不像是我那个时代的地球。难道，通过虫洞真的能进行时空穿梭？

一切谜团都要靠实践才能解开，Z博士奉行自己一贯以来的行事准则，启动了追梦83号的隐蔽功能，命令T-108号留在飞船上待命。他轻快地走出机舱，向不远处的城市走去。

真是太神奇了！Z博士走进城市，童年的记忆像潮水般涌来，这里，是小时候生活过的酒泉呢！真的成功穿越了，那就去看望一下过去的自己吧。Z博士打了辆飞行的士，前去酒泉太空学校，他来到506号教室，从窗外看到了正在认真阅读的小智，嗯，不错，正在看《时间简史》……

"唉，要是能真的去太空就好了！"看来，冒险精神在12岁的自己身上就已经萌芽了啊！多年的实践经验告诉Z博士，实践、探索对科学研究而言是多么的重要，几乎是一瞬间，他就决定给童年的自己助力一把。下课了，小智放下书本，准备去操场上透透气，Z博士出现了："小朋友，听说你很想去太空看看，你不怕

太空中未知的危险吗？"

　　小智一本正经地回答："科学家们都是在勇敢的探索中才有伟大的发现，我才不怕呢！我做梦都想去太空中探索一番呢！"

　　"这样啊。酒泉太空中心刚刚研制成功了一台新型飞船，准备今天发射，如果你真的有勇气，我就想办法把你送上飞船，怎么样？"

　　"真的？"小智歪着脑袋打量着眼前的这位叔叔，他浑身散发着温文尔雅的气质，不像是坏人。他又偷偷地用随身携带的"安

全神器"对这位叔叔进行了快速安全扫描，天网系统显示，此人安全指数为 100。对宇宙探索的渴望战胜了小智最后的一点疑虑："等我 5 分钟，我给爸妈留个言，马上出发！"

Z 博士利用自己 2080 年在酒泉太空基地的出入权限，顺利地带着小智进入酒泉太空中心，趁着大家午餐时间，打开了第一代追梦号飞船的驾驶舱："这次是追梦号的试飞行，研发团队原本并

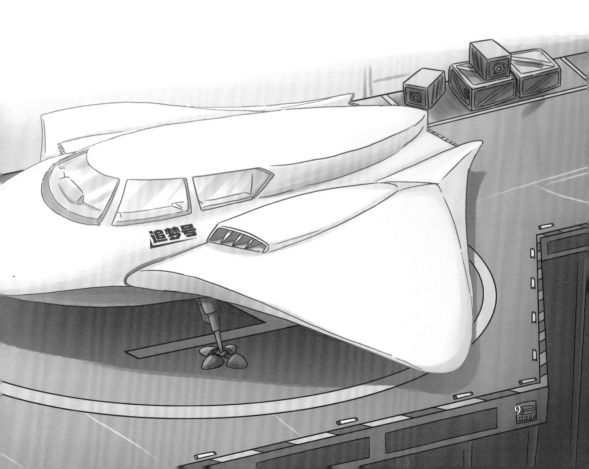

没有打算在试飞时搭载乘客。在飞船起飞之前，你要注意躲在保护舱里，最后的监测刚刚已经完成，只要你不出现在大家的视线内，就能成为追梦号的第一位乘客。太空之旅愉快！"

Z博士回到追梦83号，通过T-108给追梦号上的T-001下达了指令：全力协助小智完成太空探索，两年后通过木星虫洞，带小智去2082年酒泉基地。然后，他返回木星附近，通过虫洞安全地返回了自己的时空。小智呢？他在T-001号智能机器人——太白的协助下，开启了他的太空探险之旅。

太空环游笔记

[1]虫洞：也叫时空洞，是宇宙中可能存在的连接两个不同时空的狭窄隧道。

[2]FAST：全称"Five-hundred-meter Aperture Spherical Telescope"，中文名叫"500米口径球面射电望远镜"，位于贵州省黔南布依族苗族自治州洼坑中，为当前世界最大单口径、最灵敏的射电望远镜。

[3]天文单位：是天文学中计量天体之间距离的一种单位。以A.U.表示，其数值取地球和太阳之间的平均距离。1A.U.=149 597 870千米。

2

太空环游初体验
荒凉的月球

伊曼努尔·康德说:"有两件事物我愈是思考愈觉神奇,心中也愈充满敬畏,那就是我头顶上的灿烂星空与我内心的道德准则。"

"5、4、3、2、1，发射！"伴随着发动机巨大的轰鸣声，第20代神舟重型火箭逐渐消失在人们的视线中，最新研制的太空船——追梦号即将被送上太空。

"抛弃逃逸塔……助推级、一级火箭发动机关机分离……第二级点火……抛整流罩……二级发动机关闭……二级再次点火……二级分离……三级点火……船箭分离……"火箭有条不紊地按照预定程序开始"工作"，顺利地升入了太空。此时，总控室里掌声雷动，每一位工程师的脸上都洋溢着胜利的笑容，大家互相拥抱，击掌庆贺！要知道，追梦号是人类第一艘支持星际飞行的飞船，装载着全球最先进的科考仪器，它将在 T-001 号智能机器人的操控下，完成开采行星矿石、探测太阳内部温度、考察外行星等多个科考项目，最重要的是，此次任务中设计了"光速飞行模式"[1]的测试，如果测试成功，人类的速度将无限接近光速，探索太阳系，甚至迈出太阳系的梦想将成为现实！

"报告，生命探索系统显示，追梦号上有生命迹象！"

"什么？这怎么可能？这次是试飞行，光速模式的安全性还需要经过最后一次测试，我们没有安排宇航员搭乘飞船，出了什么问题？立刻检查飞船！"

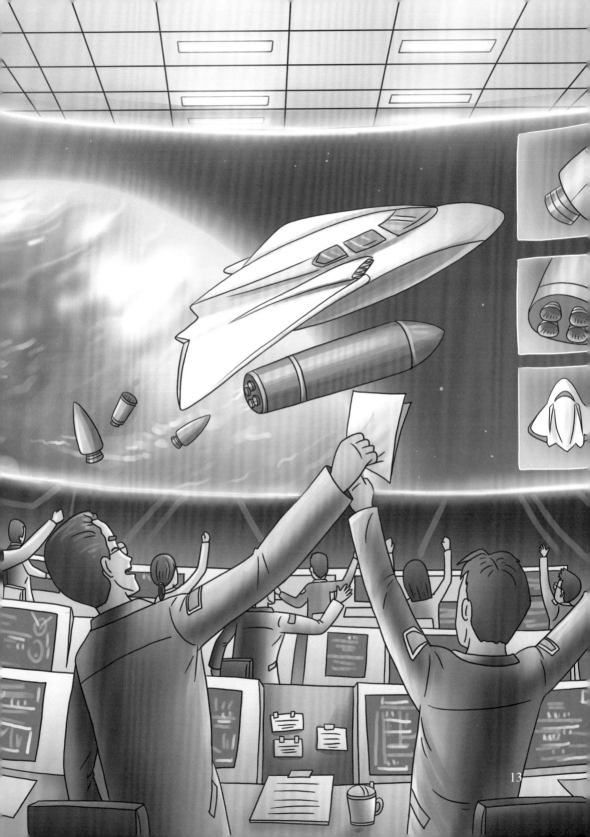

　　这时，一个小小的身影走出了安全舱，出现在监控屏上，只见他晃了晃脑袋，眼睛里写满了迷茫。"这、这、这……"工程师们你看看我、我看看你，一时间谁都搞不明白究竟发生了什么，总控室里的空气好像一下子凝固了，热烈欢腾的气氛戛然而止。

　　"一个孩子！他是谁？立刻启用天网识别身份！马上进行通信连接，把情况搞清楚！"马腾上将——此次试飞行动的总指挥定

了定神，下达了指令。

追梦号驾驶舱里，小智在短暂的迷糊之后，快速搞清楚了自己的当前状况：火箭已经飞出了大气层，追梦号发射成功啦！

"哈哈，与模拟太空飞船一模一样。"小智开心得又蹦又跳。在学校里，操纵模拟太空飞船是小智最喜欢的一门课，下课铃响过很久后，他才会依依不舍地离开模拟机舱，为此，可没少挨老师的批评。

"嘀嘀……嘀嘀……"一阵急促的铃声响起。小智按下通话按钮，传来了爸爸无比焦急的声音："你怎么会在飞船上？儿子，按我的指令做，立刻让飞船返航！"

"不，爸爸！去宇宙探险是我的心愿，我不回去。"

"听我说，儿子，追梦号飞船这次是首次试飞，谁也不知道结果怎样，太危险了，你会没命的。"

小智隐约听到了妈妈的啜泣声，他有些动摇了。

"儿子，下一次，下一次追梦号起飞的时候，我一定让你和宇航员一起去太空。"爸爸是追梦号飞船的主要设计者之一，没有比他更了解飞船的了，不管设计多么精密，没有试飞过，就存在着不可预料的意外。

15

"我是中国酒泉太空基地的马腾上将，是追梦号试飞行动的总指挥，小智，你探索太空的勇气令我钦佩，但我还是要命令你立即返航。"

"不，上将，从小我就看着一架又一架的火箭奔向茫茫宇宙，我多么渴望坐在里面的人是我。爸爸妈妈，上将，你们就满足我这个愿望吧。就如追梦号这个名字一样，就让我追逐自己的太空梦吧！"此时，小智已泪眼汪汪。

"儿子，正因为危险，追梦号这次试飞才没有安排宇航员……"

"那就让我成为追梦号的第一位宇航员吧！"

"还有我……大家好，我是无所不知无所不能的 T-001 号太空机器人，我叫太白。你们放心吧，有我太白在，一切包在我身上，我一定会把小智安全送回地球的。"由于受到 T-108 的嘱托，太白坚定地站在小智这一边。

见小智的态度那么坚决，马腾上将陷入了沉思：如果此时让追梦号立即返航，无疑是宣布了此次任务的失败，太空中心的损失将不可估量！他和小智的父母进行了一次短暂的意见交流，在了解到小智从小热爱宇宙探索，又已经具备一定的太空探索能力后，他终于下定决心，说服了小智的父母。回到了主控室的上将

表情凝重，南博士（小智的爸爸）则一脸纠结，最终，还是马腾上将开口下达指令："小智，我现在任命你为追梦号太空船的第一位宇航员，你要驾驶追梦号探索太阳系，完成基地给追梦号设计的所有科考任务。"

"是！"小智按捺住内心的激动，学着军人的样子，敬了一个军礼。

"保持通信畅通，遇到难题随时联系基地。在你返航之前，我和你父亲将一直关注着你，你可以随时找到我们。"

　　"是！"小智觉得温暖不已，他知道此时千言万语远不及一声坚定的承诺更让大家放心。

　　他定定心神，麻利地坐进驾驶室，按下分离键，太空船缓缓地脱离了火箭。

　　这注定是一个不眠之夜，不，这注定是无数个人的不眠之夜。

　　"太白，我们现在去哪儿？"

　　"对一个菜鸟来说，练习最好的场所就是去危险最小的地方。

嗯，那就去月球吧。"

小智不好意思地笑了笑，在控制屏上输入目的地：月球。剩下的，就交给飞船控制系统朱雀吧。朱雀自动定位到了月球在宇宙中的位置，飞船迅速向月球奔去。

小智回望了一眼地球，映入眼帘的是一个晶莹的水蓝色球体，好像裹着一层薄薄的轻纱，悬浮在浩瀚无际的宇宙中，周围繁星点点，如飞舞的萤火虫般轻柔。一切，美得像梦境一样。

这是小智第一次从太空看地球，在惊讶地球美丽的同时，心里充满了复杂的情绪，既有对奔向宇宙的欣喜，也有对未知的恐惧。

"接近月球，降落程序启动……接近月球，降落程序启动……"没过多久，朱雀发出的声音让小智回过神来，追梦号平稳地降落在月球上。

"追梦号真不愧是最先进的飞船，速度真快！"

"这算慢的，追梦号最快可以接近光速。"

"接近光速？"小智觉得很不可思议，而且，在追梦号里竟然感觉不到失重[2]。

"不奇怪，这要归功于南博士研制出的人工重力装置。那些过时的宇宙飞船总是让宇航员飘在半空，宇航员怎么工作啊？"

"怪不得，坐在追梦号里的感觉就像在地球上坐飞机一样。"

"确定降落位置！"太白发出指令。

"降落点位于月球的南极附近。"朱雀的声音很快响起。

"我们下去吧！"

小智穿上太空衣，打开驾驶舱，一个金属梯子出现在舱门边，他探出头，看到了一幅奇异的景色：头顶上没有蓝天，也没有白云，天空黑沉沉的，月面上却洒满了灿烂的阳光。

小智顺着梯子走下了飞船，一落地，脚下就扬起厚厚的尘土。他最害怕灰尘了，那玩意儿会让他连打十几个喷嚏。他下意识地捂住了口鼻，但他马上发现这个习惯性动作是多余的，他穿着太空服呢！更让他大吃一惊的是，扬起的灰尘很快又垂直地落了下去，仿佛这些比头发丝还细的灰尘就是一颗颗小铁珠。这是怎么回事呢？

"这是因为月球上没有空气，重物都是垂直下落的。"太白发话了，他能通过脑电波感知小智的想法。

"原来如此，我应该能想到的啊。"小智挠了挠头。

小智大步向前走去。哎呀，不好！他刚跨出第一步，身体就轻飘飘地浮起来了。这可把他吓了一大跳，难道自己学会传说中的轻功了吗？他极力想控制住自己的身体，可身体已经不听使唤了，他甚至觉得自己会一直飘在半空中。小智努力地控制自己害怕的情绪，心想：冷静冷静，总不能老是被一个机器人看笑话！理智一恢复，智商也回来了："这是失重现象。"

"月球上的重力约是地球上的六分之一，所以，地球上 6 牛顿的物品在月球上只有 1 牛顿左右；在地球上能跳 1 米高的人在月球上就能跳大约 6 米高。你需要适应一下这里的重力环境。"太

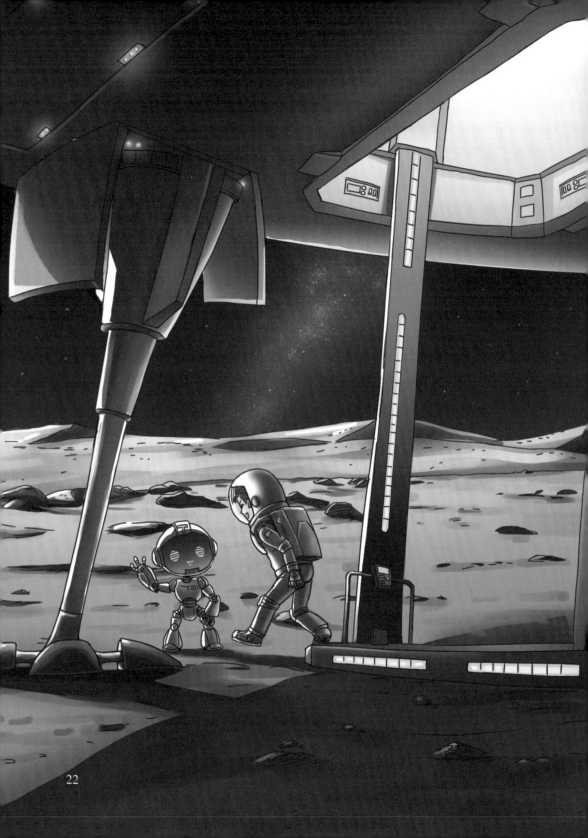

白耐心地解释，在他的指引下，小智调整姿势，轻轻地降落到月面。

"谢谢你，太白，要不是你，我可能就一直飘浮在空中了。"

小智尴尬地挠了挠脑袋，当然，他没能如愿地碰到自己的头发。他想回到地球就向爸爸建议，在太空服中也设计一套重力装置。

小智又尝试着走了几步，这次，他慢慢发力，轻轻移动，慢慢开始适应月球的重力了。小智在月面上越走越熟练，竟然边走边玩起了花样，一会儿旋转身子，一会儿翻个跟头，一会儿又来个连环踢，玩得不亦乐乎。不过在月球上最方便稳当的行走方法还是"雀跃"——类似麻雀的双脚跳法。他"雀跃"着，走遍了飞船附近的区域，放眼望去，月面上只有尘土、岩石，如同地球上的戈壁荒漠，十分荒凉。

"嘀嘀……嘀嘀……"通信设备开启。

"小智，我是马腾上将，祝贺你成功登陆月球。你现在的任务是深入月球背面，收集月球背面的各种土壤、岩石，返程时带回基地。你可以使用飞船中的登陆车，太白会告诉你怎样使用。"

"好的，上将。"

太白控制飞船的主电脑，飞船腹部的舱门缓缓打开，一架轻便的登陆车被运送下来。

小智兴奋极了："太白，我们来一次环月旅行吧！"

"环月旅行？听起来不错哦！"

小智驾驶登陆车向月球背面驶去，没一会儿，他远远望见一座巨大的**环形山**[3]。此时，太白当起了导游："小智，你看，那一座环形山叫贝利环形山，是月球上最大的环形山，它就在南极附近。"

"快看那一座，叫石申环形山。月球背面有五座以中国古代名人命名的环形山，分别叫石申环形山，张衡环形山，祖冲之环形山，郭守敬环形山，万户环形山。其他4座离我们的着陆点比较远，这次可能看不到了。"

小智开始痴痴地想："这次太空旅行之后，会不会有一座环形山以我的名字命名，叫南天智环形山呢？"

虽然外面荒无人烟，但有太白在，小智也不寂寞，太白告诉小智月球上共有大大小小的环形山3万多座，环形山一般是以古今中外的天文学家的姓名来命名的。

小智一边听着，一边把探测到的含有不同元素的岩石、沙砾

收集起来。他想，有了这些土壤，酒泉太空基地的叔叔阿姨们通过努力，一定可以想出办法改变月球荒凉的面貌。不知不觉中，小智已经驾驶登陆车行驶了60多千米了。

"嘀——嘀——危险降临，危险降临……5分钟后，陨石群袭击月球，5分钟后，陨石群袭击月球……"登陆车中的自动监测系统发出警报。与此同时，马腾上将的声音也传来："小智，马上返回追梦号。据卫星传来的讯息，5分钟后陨石群将袭击月球。"

"太白，怎么办？以登陆车的速度，5分钟内怎么也赶不回追梦号。"

"不要怕，看我的。"太白迅速控制了登陆车中的主电脑，启动了飞行模式。

"开启追梦号的防护罩！"太白远程控制了追梦号，防护罩缓缓开启。小智可没想到追梦号竟然还有这个本领。

在第一颗陨石落地前1秒，登陆车飞进了追梦号。

随即，大地发出剧烈的颤抖，比地球上震级最强的地震还要厉害。追梦号的显示屏中出现的画面惊得小智合不拢嘴：一块块陨石从天而降，如成百上千把铁锤一般，狠狠地砸在月面上，一瞬间，尘土飞扬，大地被砸出一个个大坑，月面也被厚厚的烟尘

笼罩，仿佛世界末日来临。

过了好些时候，月球上才恢复平静，幸好追梦号有防护装置，才没有被陨石砸扁，也幸好这些陨石并不算太大，不然估计月球就直接四分五裂了。但月面还是被砸得千疮百孔。经过这一次的"现场直播"，小智对环游太空的危险有了更清晰的认知。

"上将，我是小智，陨石袭击月球已经结束，我们很安全，我会把这次陨石袭月事件的视频资料传回基地。"

"好的，小智，你要注意安全。"

小智打开了飞船中的资料库，他想查找一些环形山的资料。资料显示，月球上大大小小的环形山，科学家认为是陨石袭击月球形成的。小智关掉资料库，长叹一声："幸好陨石没有袭击地球。"

"这个嘛……主要是地球有自己的卫士——大气层。有了大气层，地球就像是穿了一件厚厚的防弹衣，不要小看这件防弹衣，以往绝大多数袭击地球的陨石在到达地面之前，就已经在大气层中烧成灰烬了。"

"哦！原来是这样啊。如果没有大气层，地球也早已是千疮百孔了吧！"小智恍然大悟。

"大气层还有其他的作用呢！你看，在月球表面，阳光照射到的地方，温度最高能达127摄氏度。而阳光照射不到的地方，温度可降低到零下183摄氏度。昼夜温差这么大，主要就是因为月球上没有大气。"

"原来大气层不但是防弹衣，还是羽绒服啊！"

小智望向那颗水蓝色的星球，第一次那么深刻地感觉那里的小草、红花，那里叽叽喳喳的小鸟，那里令他害怕的小狗，那里司空见惯的水，还有看不见摸不着的空气、飘动的白云、奔流不

息的江河，更不要说亲爱的爸爸妈妈了，一切都是那么可爱迷人。

"除了地球，人类再也找不出第二个家园了。"太白似乎有些伤感，小智也跟着沉默起来。

"也许在不久的未来，科学家可以把月球改造成适合人类居住的家园呢？"小智打开航行日志，他要把今天所经历的一切都记下来。

时间过得很快，该是离开的时候了，他关上航行日志，在控制屏上输入目的地：太阳，剩下的，依然交给朱雀吧。他呢，现在要美美地睡上一觉啦！

太空环游笔记

[1]光速飞行模式：光在真空中的传播速度约 300 000 千米/秒，光速飞行模式指追梦号飞船接近光速飞行。

〔2〕失重：指物体不被引力所作用。在失重状态下，物体将飘在空中，液滴呈绝对球形，气泡在液体中将不上浮。

〔3〕环形山：通常指碗状凹坑结构的坑。月球表面布满大大小小的圆形凹坑，称为"月坑"，大多数月坑的周围环绕着高出月面的环形山。月球背面的环形山更多。环形山大多数以著名天文学家或其他学者的名字命名。

3

飞向红色星球
暴烈的太阳

　　黑格尔说:"那隐藏着的宇宙本质自身并没有力量足以抗拒求知的勇气。对于勇毅的求知者,它只能揭开它的秘密,将它的财富和奥妙公开给他,让他享受。"

小智在控制屏上设定时速：100万千米／时。追梦号最高时速能接近光速，可小智认为，现在还不到测试光速飞行模式的时候，最主要的原因是他不想很快到达太阳，因为一路上还有很多功课要做。小智粗略一算，地球距离太阳大概1.5亿千米，按照目前的时速飞行，大约需6天时间方能到达，小智打算在这段时间里尽快熟悉追梦号的各种性能，向太白学习相关天文知识。太白自称"移动的天文图书馆"，应该不会让自己失望。再不行，还有追梦号上的虚拟图书馆可以调取海量资源。"我可不能一直当'菜鸟'，我的宇宙探险之旅我做主！"小智暗暗下定决心。

追梦号在浩瀚的宇宙中朝着太阳飞行，小智也沉浸在奇妙的天文知识海洋里。

"即将到达目的地，即将到达目的地。"飞船控制系统朱雀发出了提醒。

"启动滤光屏！启动隔热罩！"随着太白的指令，舷窗迅速变色，整个飞船也覆盖了一层亮闪闪的保护膜，这些装备都是为探索太阳专门研制的，可以避免眼睛被强烈的阳光灼伤，也能保障飞船恒温系统的正常运行。小智透过追梦号的舷窗往外看："哇！我看到了什么？"小智眼前出现的是一个巨大的火球，经过减光

处理后，看上去红彤彤的，像大得吓人的咸蛋黄。

　　小智的眼睛一眨不眨地盯着不断腾起的火焰，此时的太阳就像是怒火冲天的巨人，不断把岩浆似的火焰往外抛射，类似地球上火山喷发的样子。那些喷射出去的巨大火焰似乎不愿离开太阳，转了一圈又回来了，形成一个巨大的环状，太阳像是戴上了一个个耳环。哇，这就是刚刚在虚拟图书馆里看到的**日珥**[1]啊，虽然虚拟环境里看到的图像十分形象，但和真实的日珥一比，那气势和感觉有天壤之别。

　　10多分钟后，太阳似乎平息了心头的怒火，如浪潮过后的海面，渐渐平静起来。虽然飞船由特殊材料制成，内部是恒温的，不怕火焰，但看着眼前的大火球，小智好像还

是能感受到热气扑面而来。呀！在橘红色的火焰当中，还有不少黑色的斑点——太阳黑子[2]！

小智特别庆幸自己的大胆决定，相信了那位陌生却又感觉异常熟悉的叔叔。如果不是这样，怎么可能如此近距离地观测太阳，看到这么神奇壮观的景象呢？

"太白，那什么来着？哦，实践出真知！这句话说得真不错！"小智盯着舷窗外的暴烈太阳发出感慨。

"啾……"只见一个陀螺状的小型探测器从追梦号里快速飞出，直奔太阳。

"小智，特制的太阳探测器已经发射成功，快注意看屏幕！"小智正想问这是什么？太白的声音从副驾驶方向传来。

很快，控制屏的信息区跳出了太阳探测器通过遥感系统发回的数据。

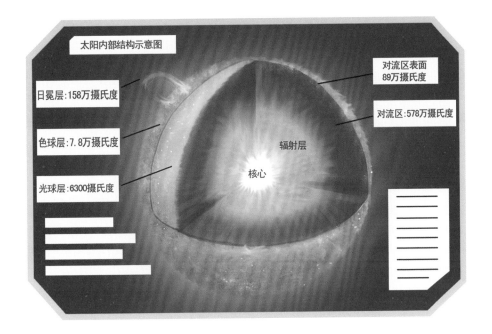

太阳内部结构示意图

日冕层:158万摄氏度

色球层:7.8万摄氏度

光球层:6300摄氏度

对流区表面
89万摄氏度

对流区:578万摄氏度

辐射层

核心

小智不由得在心里惊叹：太阳的温度实在是太高了，真不愧为太阳系的能量之源。

真没想到，人类已经研制出了可以承受如此高温高压的新型材料，这将为今后极限环境的科学探索提供极大的帮助！但也有一个大大的问号出现在小智的脑海里：为什么太阳从外向内，温度会高低起伏呢？

小智正在冥思苦想之时，屏幕上的数据表突然停止了翻新。

"嘟、嘟、嘟……太阳内部温度和压力到达探测器极限……太阳内部温度和压力到达探测器极限……探测器已被引爆……探测器已被引爆……"连接和控制着太阳探测器的朱雀报告。小智小心地备份了刚刚测得的数据，记录了新材料的极限值："578万摄氏度"，这是他完成的第一次宇宙科学实验，小智心里十分自豪。突然，他的心里冒出了一个大胆的计划：测试追梦号的极限。

"这……危险系数过高，你必须向马腾上将请示。"太白怕小智一冲动直接行动，一边说一边连线了上将。小智倒也不排斥连线，他正想向上将报告自己的实验成果呢！

"上将，我是小智，我刚刚完成太阳内部温度测试实验，还测得新型材料的极限是578万摄氏度。在这个数据的基础上，接下来我想测试一下追梦号的极限温度，我们将控制追梦号接近太阳，请上将批准这个行动计划！"

上将沉思片刻后，答道："小智，你这个想法很好，可以为我们改进追梦号提供很重要的数据，我批准你的行动计划。但是，我也要提醒你，追梦号的预测极限温度约为200万摄氏度，由于地球实验室里的测试条件和实际环境有很大差异，这个数据在你那里不一定适用。因此，穿过日冕层时要特别关注环境温度是否超标。你们要提前根据已有数据制订行动计划，需要注意的是，你刚刚测得的数据并没有经过反复验证，具有很大的偶然性，只具备一定的参考价值。千万要小心，情况不妙的话，马上撤回来。"

说干就干，小智和太白一起合作，先查阅和比对数据，制订了一份进入太阳内部考察的计划书。然后驾驶着追梦号缓缓地靠近太阳，最外面的日冕层[3]，是太阳大气层温度最高的区域，而且温差十分大，最高温度接近追梦号的极限值，小智和太白在进入日冕层后，紧张到大气都不敢喘一口，两人紧紧盯着控制屏上显示的

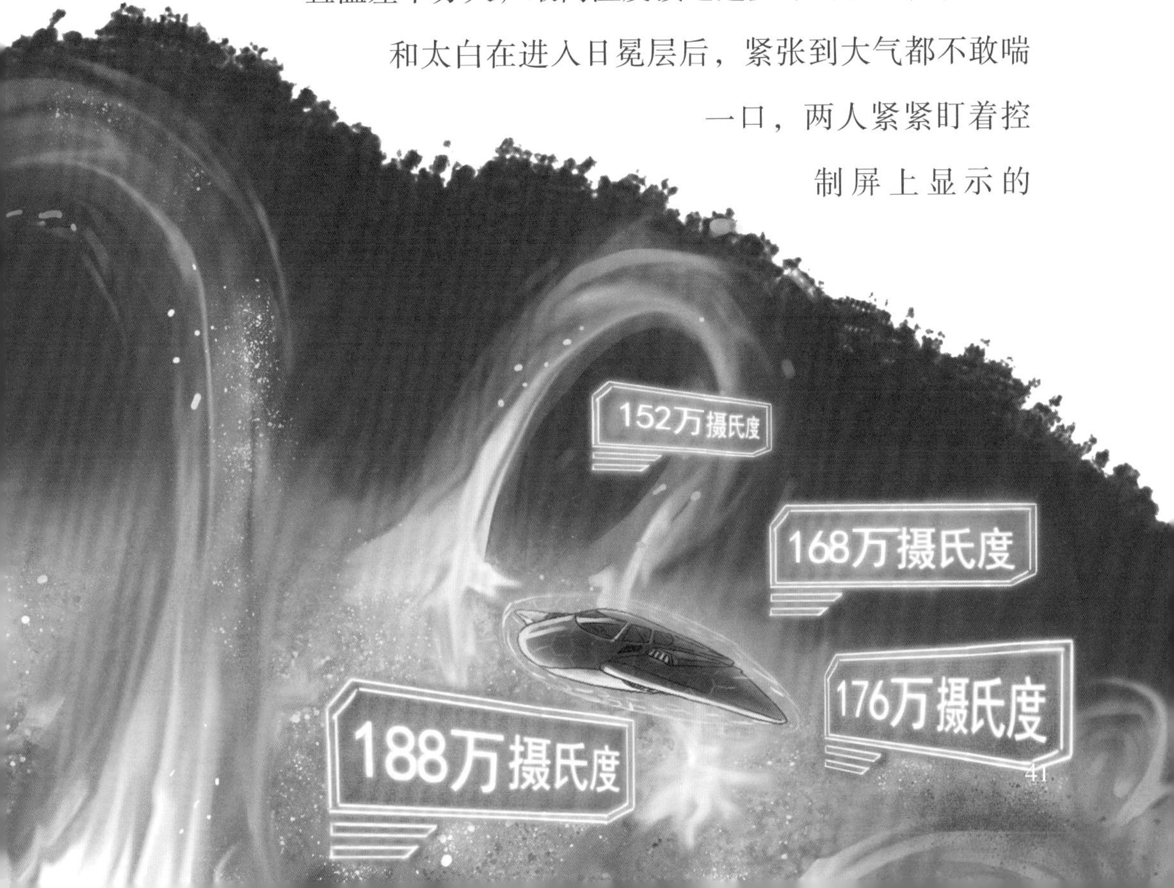

152万摄氏度

168万摄氏度

176万摄氏度

188万摄氏度

环境温度：152 万摄氏度……168 万摄氏度……176 万摄氏度……188 万摄氏度……

眼看着温度越来越高，追梦号的控制屏上已经跳出红色警报。

"探测周围环境温度，寻找低温区！"太白向朱雀发布指令，"如果寻找失败，立即返航！"

"2 点钟方向，温度较低，调整航向！"1 分钟后，朱雀的声音传来。

130 万摄氏度……90 万摄氏度……60 万摄氏度……小智长长地舒了一口气，看来还是没有选择好行进路线，探索计划差点被扼杀在摇篮里。

"小智，不要大意，太阳内部情况不明，还是要十分小心！"太白看着显示屏上不断变化着的环境信息提醒道。

即将进入色球层，环境温度 3.2 万摄氏度……2.8 万摄氏度……

进入光球层，5000 摄氏度……6600 摄氏度……

前方温度：4000 摄氏度，注意气旋！

"哇，温度这么低？还有气旋？我们是遇到太阳黑子了吧？"小智立刻做出了判断。

"没错，气旋的破坏力太大，我们避开它！"太白发出指令，"继续深入！"

穿越太阳大气层，即将进入对流区。

1000 米（1.2 万摄氏度）……

2000 米（1.6 万摄氏度）……

压力即将过载！压力即将过载！

前方出现强对流！前方出现强对流！

"立即返航！"小智和太白几乎同时发出指令。

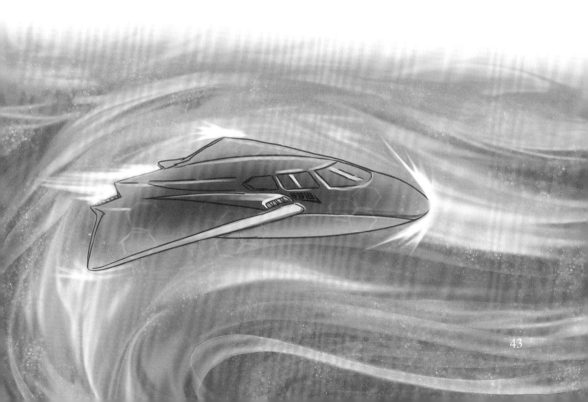

飞行推进系统自动关闭，就地停泊！反向推进系统启动！追梦号开始平稳后撤，逐渐远离太阳……

回到安全区域，小智长长地吁了一口气，随后便开始整理数据，在这次探险中，追梦号所承受的最高温度是 188 万摄氏度，最大压力是 3000 个大气压[4]，虽然没有真正测试出它的极限值，但这样的能力在太阳系航行足够了，太阳系外就不得而知了。

"小智，你很勇敢，祝贺你，一连完成了两项重要的太阳探索任务！"全程关注着小智的上将收到小智平安归航的信号，立刻发来信息，"接下来你们可以玩个小游戏放松一下。"

"小智，想不想制造一个太阳？"太白问。

"人造太阳？小游戏？"对于太白的脑洞大开，小智一时有些反应不过来。

"是啊！太阳是由大量常见气体组成的一个球体，氢约占71%，氦约占 27%，其他元素占 2%。这些气体在飞船的实验室里都有。"

小智和太白快步走入实验室，他们把氢、氦等气体按太阳的比例混合，放入一个透明的金属容器当中。

"现在要做的就是加压，太阳的中心有 3000 亿个标准大气压，

有了如此强大的气压，才能让这些气体产生**热核反应**[5]，释放光和热。"太白说。

"开始吧！加压！"

当压力增加到接近 3000 亿个大气压时，容器里的混合气体发生了爆炸，发出绚烂的光芒，看上去真像一个小太阳。如果不是特制的金属容器足够坚固，追梦号都可能会被炸毁。

"成功啦！成功啦！"小智欢呼起来，并开始异想天开，"有一个古老的神话故事，叫做《后羿射日》，你知道吧？那另外九个太阳也许就是外星人制造出来想要毁灭地球的。"

"停止你的胡思乱想吧，太阳之所以能散发出这么高的温度，是因为太阳的中心区会不停地进行热核反应，就如我们做的这个

实验一样，燃料就是这些气体，你可以理解成不断有大量的氢弹爆炸。所产生的光和热以辐射方式向宇宙空间发射。其中二十二亿分之一的能量辐射到地球，成为地球上光和热的主要来源。"

"才二十二亿分之一？太阳产生的能量真是巨大。幸好太阳离地球足够远，不然非得把我们烤焦不可！"小智马上想到了地球上的花草树木、鸟兽虫鱼，如果太阳再近一点，地球岂不是和月球一样了。

"地球能够不被太阳烤焦，不仅因为距离太阳远，还因为地球有大气层。"太白笑着说，"大气层挡住了大部分的紫外线，这就像是夏天你撑着的遮阳伞……"

"我在夏天从不撑伞。"

太白白了小智一眼，嘟囔了一句："怪不得长得这么黑。"然后继续说，"我只是打个比方而已。地球与太阳的距离是 1.5 亿千米，如果太阳和地球距离再远一点，地球上就无法获得足够的光和热，人类也就无法生存了。"

小智若有所思："太阳给人们带来光明和温暖，带来了日夜交替和季节轮回，为地球生命提供了各种形式的能源。没有太阳，或者地球与太阳之间的距离不合适，地球上的植物、动物都无

法生存。"

太白说："是啊，地球真是一个奇迹，人类是享有这个奇迹的幸运儿。"

"真希望人类永远能拥有太阳啊！"

"永远拥有？现在的太阳年龄大概已经46亿岁了，当然，对太阳来说，他还正处于壮年。据科学家预测，他还能继续燃烧50亿年。"

"50亿年之后呢？"小智有些急了。

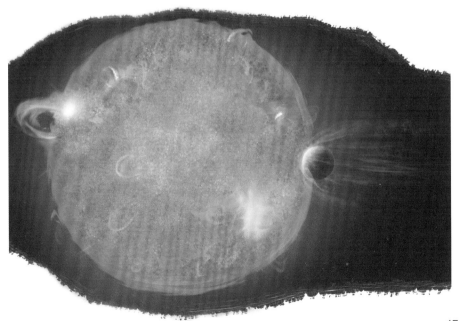

"50 亿年以后，太阳中的氦将转变成重元素，太阳的体积也将开始不断膨胀，直至将地球吞没。"

"地球也就消失了吗？"小智有些不敢相信。

"是的。科学家将此时的太阳称为红巨星，再经过 1 亿年以后，太阳将突然坍缩成一颗白矮星，这是太阳存在的最后阶段。再经历几万亿年，它将最终完全冷却。不仅仅是太阳，所有的恒星最终都会消亡。"

"所有的恒星？恒星都像太阳一样会发光发热吗？"

"没错，
在宇宙中还有很多
像太阳一样会发光发热的天
体，都是恒星……"

"也就是说，既然有那么多'太阳'，宇宙中还可能
存在着很多像地球一样的幸运儿？地球并不孤单。而且如果有一
天太阳即将毁灭，人类也有可能移民到别的'地球'上去。"小智
急切地打断了太白的话。

"呃……呃……理论上来说的确如此。不过到目前为止，科学
家还没有找到第二个幸运儿，虽然宇宙中像太阳一样的恒星很常
见，但有生命的地球依然是独一无二的。当然，也许在不远的将
来，科学家会有新的发现。"

小智将目光投向舷窗外苍茫的太空，他开始憧憬着在宇宙的
某一个角落，也有一个美丽的星球，成为第二个幸运儿。在那里，

也有一个孩子，憧憬着自己所憧憬的存在。当我们在茫茫宇宙中找到彼此，那是多么美妙的一件事情啊！

太白打断了小智的遐想，继续说："在宇宙群星中，我们的太阳并不算大。但是，它还是太阳系当之无愧的 NO.1，半径约为 70 万千米，它的肚子里能装下 130 万个地球，质量相当于地球质量的 33 万多倍。"

"33 万倍！130 万个！"小智惊呼，他在心里想象着，如果把一个乒乓球扩大 130 万倍，会是多大。当然，他想象不出来。

惊讶过后，一个疑问涌入了小智的脑袋："这么说，宇宙中还有更多更大的恒星，为什么我们在白天只看到太阳，却看不到其他更大更亮的恒星呢？"

"其实恒星们一直都在，只是因为其他恒星距离地球实在太远了，看上去就是一个个不太亮的小点。白天，穿过大气层的阳光因散射使天空变得比星光还亮。星星的那些微弱亮光被'淹没'在阳光中，我们就看不见它们。当黑夜来临，明亮的恒星才开始显现出来。不要小看这些比烛光还微弱的星光，它们中的很多其实比太阳还大，比太阳还亮呢！"

突然，一大簇耀眼的"烈焰"猛然脱离太阳的束缚，向外喷

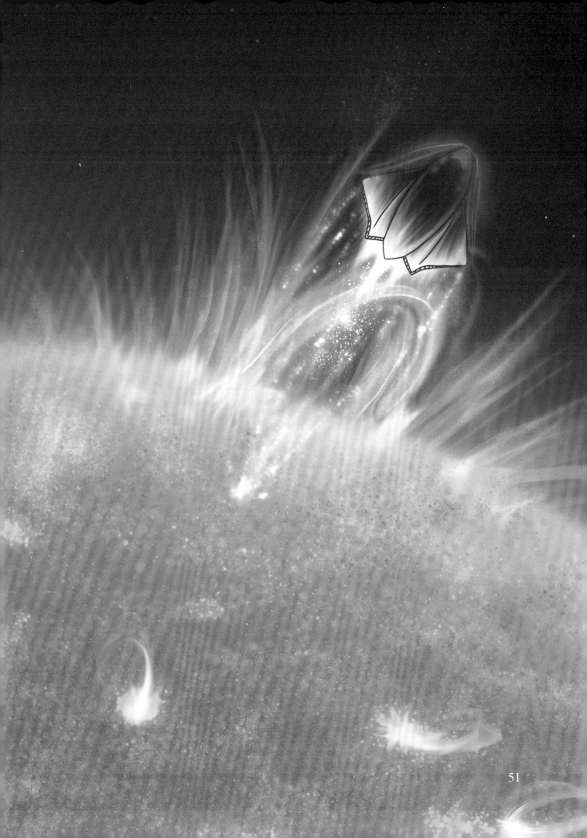

射，其中一小簇还笔直向追梦号扑来。追梦号里各种仪器都闪起了红灯，太白当即启动快速逃离程序，追梦号眨眼间被弹出了好远。

小智惊魂未定，太白安慰道："不要怕，这是太阳风暴，是正常的现象。"

"太阳风暴？"

"是的，太阳风暴是指在太阳的日冕层的高温下，氢、氦等原子被电离成各种带电粒子。这些带电粒子运动速度极快，因而不断有带电的粒子挣脱太阳的引力束缚，射向太阳的外围，这就形成了太阳风暴。"

"哦，原来太阳风暴是这样的啊！刚才我们的飞船差点被风暴给掀翻。"

"太阳风暴的速度特别快，一般在 200~800 千米 / 秒，比音速还要快上不少。"

"天哪，这么快！幸好我们的追梦号也不是吃素的。"

太白呵呵一笑："太阳正以这种暴烈的方式欢迎我们呢！"

小智咕哝着："我可不要这样的欢迎仪式！"

太白拍拍小智的肩膀："我们去认识一下太阳系里的八兄弟吧！希望它们不会像太阳那么暴烈！"

太空环游笔记

[1]日珥：是突出日面边缘之外色球层的一种太阳活动现象，因它们的形状在多数情况下整体看去像贴附在太阳边缘的耳环而得名。日珥比较暗，一般淹没在太阳光下而不可见，只有当日全食出现时或者使用特殊仪器才能观测到。

[2]太阳黑子：是太阳表面一种炽热气体的巨大漩涡，因为它们的温度比太阳光球层的温度要低1000~2000摄氏度，所以亮度偏暗，看上去像长在光球表面的小"雀斑"。

[3]日冕层：是太阳大气的最外层（其内部分别为光球层和色球层），厚度达到几百万千米以上。日冕层温度可达100万~200万摄氏度。

[4]大气压：大气会从各个方向对处于其中的物体产生压强，大气压强简称为大气压。测量大气压的仪器叫做气压计，常见的有水银气压计。

[5]热核反应：又称核聚变，主要是指氘或氚，在一定条件下（如超高温和高压），发生原子核互相聚合作用，生成新的质量更重的原子核，并伴随着巨大的能量释放的一种核反应形式。太阳的热核反应则是4个氢原子聚合成1个氦原子，并释放巨大能量。

4

3D 实境互动
太阳系全家福

阿尔伯特·爱因斯坦说:"宇宙最不可理解之处在于它是可理解的。"

小智从生机勃勃的地球出发，在荒凉的月球上漫步，而后又拜访了暴烈的太阳。现在，他正坐在追梦号主控室里，漂浮在庞大而炙热的太阳附近。

　　"接着去哪里看看呢？"小智自言自语道，"要不去看火星吧，听说它跟地球很像。不行，还是先去看**土星的光环**[1]吧，近距离看，一定比在望远镜里看要过瘾。哦不，那个神秘的冥王星，也好想去探索一番……唉，到底先去哪里好呢？"

　　"嘀嘀……嘀嘀……"正当小智犹豫不决的时候，通话铃声忽然响起。

　　"马腾上将，上午好！"

　　"小智，上午好！自从批准你为追梦号的第一位正式宇航员后，太空基地的科学家团队综合考量各方因素，特别参考了你的个人性格、学习能力等信息，为你和追梦号量身打造了一份《太空环游计划书》，我已经把计划书传送到了追梦号上。当然，这份计划书只列出了大概的探索任务，具体的细节和重点，需要你自己去完善，我们希望你在这次太空科学考察行动中，充分发挥你的主动性和创造性。好了，快去看一下吧。"

　　"真是太好了，我正在为下一步该去哪里而发愁呢，这份计划书来得真及时，谢谢您！也谢谢科学家团队！"

结束通话后，小智迫不及待地打开了《太空环游计划书》。

太空环游计划书

执行者：南天智　　协助者：太白

交通工具：追梦号

制订时间：2050 年 3 月 17 日

探索步骤和重点：

第一阶段：探索类地行星

1. 适时测试光速模式；

2. 类地行星均可着陆，可以走出机舱，亲自踏上水星、金星、火星；

3. 采集水星、金星、火星的岩石标本，带回地球。

第二阶段：……

"太白，什么是类地行星啊？"小智看了第一阶段的任务后，有点疑惑，立刻向太白请教，"还有，怎么计划书中的任务这么少啊，除了采集岩石标本之外，我们就没事干了吗？这可不行啊！"

"小智，刚才上将不是说了吗？你需要自己去完善计划书的细节，确定每一阶段探索的重点。不过，你现在连类地行星是什么都不知道，完善计划书……还真是……"

小智再一次感觉到被机器人鄙视了，正恼羞成怒，却看到太白猛地站了起来："哈，有了！小智，追梦号上有一套虚拟现实装置，简直是为你量身打造的！快跟我来吧。"

虚拟现实装置！小智一听就心花怒放，那可是世界上最先进的电子游戏装备，是每个男孩梦寐以求的"神器"！他忘记了生气，乐颠颠地跟着太白，走进了追梦号图书室。

"要完善计划书，熟悉计划中的观测目标是前提，然后再慢慢去细化。在完成太空中心布置的任务的基础上，结合自己的兴趣，规划最优行程。我建议你先用虚拟现实装置来熟悉太阳系八兄弟。对了小智，知道太阳系八兄弟是谁吗？"

"这个我知道，就是太阳系的八大行星。"小智自信满满地说，"分别是地球、火星、木星、海王星、金星、水星、土星、天王

太空环游记

图书室

星，这太简单了，你还是快点开启虚拟现实装置，让我体验一下吧。"

"看你急得，开启之前，我要说明一下，追梦号上的虚拟现实装置是一个虚拟的仿真世界，在这个虚拟世界里，你可以体验到真实世界中的冷热等感觉，同时也可以将一些理论上的技术模拟出来。简而言之，就是让你置身于游戏中，成为游戏中的人物。"太白一边解释，一边拿出一个箱子。

小智利索地打开箱子，对照箱子上的使用说明，在太白的帮助下将装置服穿好。当小智戴上头盔时，整个装置的电路接通，

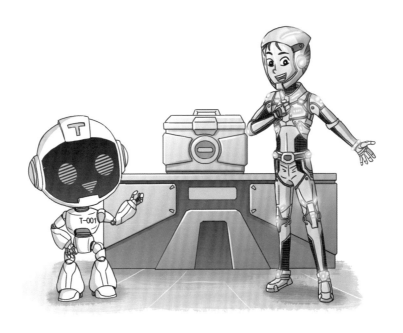

开始运行。此时的小智看起来就像穿了紧身版的宇航服。

　　"开始。"小智对装置发出了启动的指令，可是什么都没有发生，"怎么回事？"

　　正当小智疑惑的时候，太白提醒道："需要你平躺下来后再喊'开始'，装置才能正式启动。"

　　遵照使用要求，小智重新发出了"开始"的指令。

　　话音还未消散，小智就发现自己进入了一个新的环境，周围一片虚空，只有点点星辉。"嘀……嘀……"随着提示音，一个显

虚拟现实体验

您正在体验虚拟仿真世界，系统会暂时隔断
你对真实世界的感受。装置具有较强的保护作用，
您不用担心真实世界的自己受到伤害。
　　只要您发出"退出"的指令，就能够退出系统。
系统将在60秒后正式启动。

祝您体验愉快！

倒计时 **15** 秒

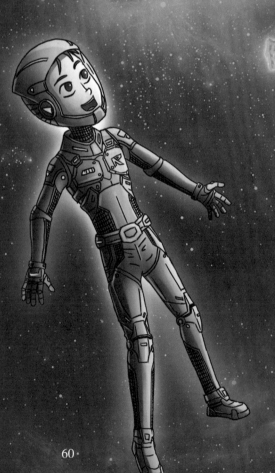

示框出现在右上方。

倒计时一结束，周围的环境立马发生了改变。小智发现自己又回到了追梦号里，太白正在他面前。

"我怎么还在这里？不对，我身上的装置服呢？难道我刚才在做梦？"

正当小智纳闷的时候，太白解释道："你已经进入了虚拟现实世界。我已经把开始的位置设置在跟真实世界位置相同的地方，方便你之后做旅行计划。"

小智有点难以置信，狠狠地掐了下自己的手臂，"哎呦，好疼啊！"

"不是告诉过你吗，真实世界的疼痛在这里也会被模拟出来。"

"这也太像了吧。疼死我了。"

"好了，我们还是赶紧开始吧。"太白话音刚落，小智面前就浮现出一幅太阳系的 3D 投影[2]地图。在地图上除了太阳，还有八颗行星和被特别标示出来的追梦号。

"那就按照由近及远的顺序依次开始吧。"

"好的，现在出发。"太白才说完，小智就觉得画面突变。同时，飞船控制系统朱雀提醒道："水星到了。"

"这么快啊，看来水星离太阳的距离不是很远嘛！"小智一边

说一边向主控制室走去。

"这你就想错了，对于我们来说，水星距离太阳是很遥远的。我们假设从地球坐飞机到太阳，如果飞机每小时能够飞行 800 千米，那么飞到太阳约需 21 年。按照这种速度，从其他行星出发至太阳需要耗费的时间为：水星约 8 年，金星约 15 年，火星约 31 年，木星约 109 年，土星约 200 年，天王星约 403 年，海王星约

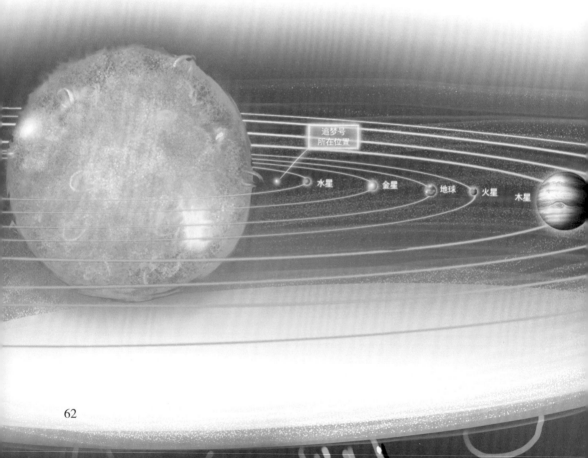

630 年。"太白继而解释，"刚才是我加快了这个虚拟世界的时间流速，所以你才会觉得这么快。"

"这么远啊！"小智感到非常吃惊。

还没走到主控制室，小智就透过舷窗看到了一颗巨大的星球。

"这就是水星吗？这也太大了吧。不是说它是八大行星里最小的一颗嘛！"小智赶紧来到了主控制室，开始认真地观察水星。

因为时间流速比较快，小智发现水星就好像顽皮的孩子一样，在不停地转着圈圈。"这应该就是**自转**[3]了吧，书上说地球也在自转。如果真在自转，那在地球上时，我为什么没有感觉到呢？"小智心想。

太白感应到小智的疑惑，主动为他做出了解答："你观察到的现象的确是水星的自转。恒星、行星、卫星等天体都在不停地自转，宇宙中几乎没有不自转的天体。太阳系里的行星在自转的同时还在绕着太阳进行**公转**[4]呢。至于在地球上你为什么感受不到自转，给你个机会自己找一找原因。"

小智知道太白又要考自己了。此时，周围的景物慢慢地消失了，随后又出现了新的景物。小智发现自己竟然稳稳地站在一辆高速行驶的高铁车厢里，车窗外的景物正在快速的向后驶离。看着窗外的景物，小智忽然灵机一动，大声叫道："我明白了。"

小智一说完就赶紧捂紧嘴巴，看看周围的乘客，发现没有人看向自己才吁了一口长长的气。

随后，画面又回到了追梦号里，小智继续观察着水星。

"太白，我们现在真的是在观察水星吗？为什么我好像看到了月球上的环形山？"

"你没有看错，确实是环形山。水星的表面很像月球，布满环形山、大平原、盆地等。"

"现在，我们登陆水星吧。"小智想提前体验着陆外星球的感觉。

"这次我们是为完善计划书做准备，有大概的了解就好了，不必登陆。既然水星观察好了，那我们就前往下一站——金星。"太白迅速下达指令。

"啊……"在小智的失望声中，飞船已经到达了下一个星球。

一颗比水星大得多的星球出现在小智面前。小智惊讶不已。

"这就觉得不可思议啦！水星是八大行星中最小的一个，金星的大小排在倒数第三，地球比金星还略大一些呢。"太白看着小智惊讶的表情笑道。

"听说金星被称为地球的'姐妹星'，它们应该有很多相似的地方吧？"小智在观察金星时突然想起自己以前在书上读到过的内容，自言自语道。

"太白，你看，金星的外面包裹着很厚的一层云呢，是不是说明金星和地球一样也有大气层啊？"

"是的，你观察得很仔细，推理也很正确。除了这个，金星和

地球的大小、质量都比较相似……"

还没等太白说完，小智就兴奋地说道："那岂不是说金星上面很有可能有外星人，要是被我发现了，我就成了所有同学的羡慕对象了！"

正当小智偷着乐的时候，太白给小智泼了盆冷水："虽然金星有很多跟地球相似的地方，但是金星的自然环境极为恶劣，与地球有着天壤之别。所以金星上有生命存在的可能性极低。"

"那不还是猜测吗？说不定等我登陆金星后，会有不一样的发现呢！"小智还是沉浸在自己的美梦里。

"咦！太白，为什么我总觉得金星的自转跟刚才的水星有些不一样，但又说不出哪里不同？"

"嗯，终于看出来了啊，这可是金星最与众不同的一个特点。不过，暂时不告诉你，你可以把这个问题做进环游计划里，等你亲临现场进行考察时，再来一探究竟吧。"太白竟然卖起了关子。

"那好吧。"小智立刻把这个问题记录了下来。

观察了金星之后，小智又向地球出发了。

面对着这颗熟悉的水蓝色的星球，小智感叹道："地球好美啊！"

在地球附近短暂停留后，追梦号又向下一个目标出发了。

随后，一颗橘红色的星球出现在小智的眼前。

这就是火星！小智有点犯愁了："这些行星太大了，仅凭肉眼

无法比较它们之间的大小啊。"

"你可以在资料库里查询它们的数据。"太白说。

"有没有更加直观的方法?"

"当然有，不过误差比较大，只能作为参考。"

说着，小智的面前出现了排列得整整齐齐的太阳和八大行星的投影，同时还有它们的大小数据。

小智觉得这个方法也没什么特别，然而，眨眼间，那个太阳竟然变成了一个葡萄柚。小智以为自己看错了，赶紧揉揉眼睛，发现太阳又恢复了，过一会儿又变成了葡萄柚。与此同时，八大行星也都在发生着变化。

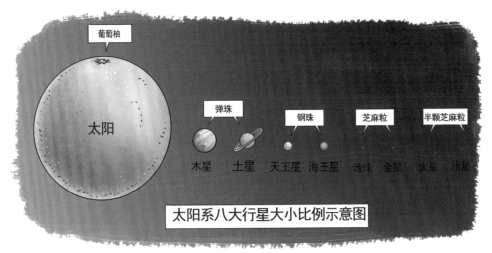

太阳系八大行星大小比例示意图

"用葡萄柚代表太阳，用弹珠代表木星，这个差别也太大了吧。"

小智发现，用弹珠或钢珠代表的还有比木星稍小一些的土星以及天王星、海王星，而更小的地球、金星、火星、水星，是用芝麻甚至更小的物体来代表的。

对比了八大行星的大小后，小智继续观察火星。他发现火星跟地球也有相似之处：都有大气层，也在进行自转。

离开火星之后，迎来了八大

行星中体积最大的木星。

小智的视线被木星上一个大大的"漩涡"吸引了过去，他兴

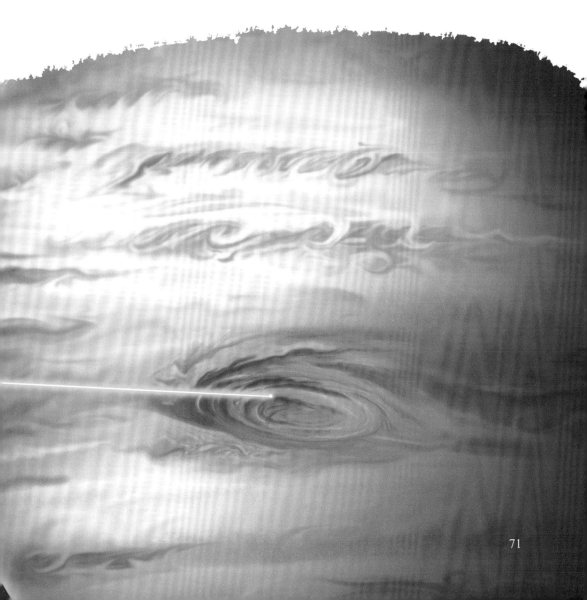

奋地说："这就是木星的大红斑[5]吧。近距离观察，真的太壮观、太漂亮了！"

就在这时，小智发现木星竟然有光环，他揉了揉眼睛，发现自己并没有看错。

"咦，光环不是土星独有的吗？难道我已经到了土星？"

"光环可不是土星独有的，太阳系里木星、天王星、海王星都有光环。"太白解释道。

听太白这么说，小智露出了吃惊的表情，他迫不及待地想去看看这些光环。他输入指令，让飞船跳过土星直接向天王星驶去。待小智确认了天王星的光环后，又马上前往海王星。

小智观察到木星、天王星、海王星确实都有光环，心里更纳闷了："我看了那么多的天文资料，为什么介绍土星光环的资料那么多，却对其他几个行星光环几乎只字不提呢？"

太白探测到小智的疑惑，告诉小智："等你看完土星的光环就会明白了。"

小智回过神来："哎呀，刚才太心急了，把土星漏了，那我们赶紧回去。"

在改变了时间流速的空间里，有着美丽"腰带"的土星不一

会就登场了。

　　小智明白为什么一般只提土星光环的原因了。土星光环太壮观，很容易被天文望远镜观测到。但随即他的脑袋里又冒出了一个问题："既然都是光环，是什么原因导致土星的光环容易被观测到呢？"

　　一想到这个问题，小智就后悔不已："哎呀，我刚才实在是太心急了，就想着看看有没有光环，都没有仔细观察。我得赶紧把这个问题记下来，下次再研究研究。"

一声"退出"指令响起，小智离开了虚拟现实世界。他刚脱下装置，就兴奋地对太白说："太白，这套虚拟现实装置真是太棒了！我已经对太阳系八兄弟有了比较多的认识，我想，**类地行星**[6]应该是地球、金星、火星、水星。木星、土星、天王星、海王星应该也可以分成一类。"

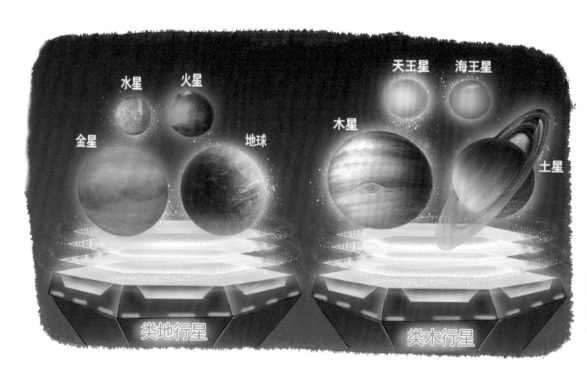

"不错，它们叫做类木行星[7]。看来你的进步很大嘛！"

有了这次虚拟旅行，小智对太空探索有了很多新的想法，嗯，可以完善计划书啦。

太空环游计划书

……

第一阶段：探索类地行星

……

重点问题：

1. 了解类地行星的运动方式。

2. 了解类地行星的异同点。

3. 探索类地行星是否有生命存在。

第二阶段：探索类木行星

1. 光速模式和**亚光速模式**[8]交替使用。

2. 类木行星不适合登陆，可以进行近距离空间观测。

3. 关注几个有代表性的卫星，例如泰坦。

重点问题：

1. 探索对比这些大个子自带的光环。

2. 观察木星大红斑。

第三阶段：登陆冥王星

1. 感受那个冰天雪地的世界。

2. 采集冥王星标本。

重点问题：

为什么冥王星会被降级。

第四阶段：飞向太阳系边缘，接近**柯伊伯带**[9]

柯伊伯带的小行星可能会对追梦号的安全造成威胁，深入之前需测试追梦号的自动避让功能。

注意事项：

1. 记得给追梦号补充能量。

2. 每天完成考察笔记，记录所见所闻。

小智埋头整理今天的收获，终于完成了一份比较细致的旅行计划。他要再和太白进一步明确细节，使自己的太空环游行程更加科学。

太空环游笔记

[1] 土星的光环：土星周围有一圈很宽的"帽檐"，环中有不计其数的小颗粒，其大小从微米到米都有，并绕着土星运转。这些小颗粒的主要成分为水冰，反射大量光线，使得土星环异常明亮。

[2] 3D投影：是虚拟三维的技术，通过利用计算机的运算达到视觉、听觉等方面立体效果的一种技术。一种无需佩戴3D眼镜即可看到立体影像的技术。

[3] 自转：是指天体沿着一根穿越天体本身质量中心的假想轴做的圆周运动，这条假想的轴称作自转轴。

[4] 公转：是指一个天体以一个引力中心，沿一定的轨道进行的循环转动。

[5] 木星的大红斑：是木星表面的特征性标志，是木星上最大的风暴气旋，长约25 000千米，上下跨度12 000千米。

[6] 类地行星：像地球一样主要以岩石或其他固体为主要成分的行星。它们的表面一般都有峡谷、陨石坑、山和火山。

[7] 类木行星：与木星类似，主要由气体组成，表面不一定有固体，体积巨大，质量大，密度小的行星。

　　[8]亚光速模式：亚光速小于300 000千米／秒，大于270 000千米／秒，亚光速飞行模式指追梦号飞船以亚光速的速度飞行。

　　[9]柯伊伯带：位于太阳系内，海王星轨道之外，由无数太阳系形成初期的原始行星碎片组成的环带，也是短周期慧星的主要来源。

5

偶遇"扫把星"
美丽的彗星

张衡曾经说过:"不患位之不尊而患德之不崇,不耻禄之不夥(huǒ),而耻智之不博。"

　　在太白的帮助下，小智终于完成了《太空环游计划书》，他已经迫不及待地想要启程了。按照计划，他们首先要去的是离太阳最近的水星。

　　"我们奇妙的太阳系之旅马上就要开始啦，好激动啊！"

　　"小智，别太激动，在宇宙中，我们时时刻刻都需要小心谨慎，太空和地球有极大的差异。一不小心，我们就有可能变成宇

宙垃圾[1]。"太白看到小智手舞足蹈、上蹿下跳的样子，不禁倒吸了一口冷气。

　　"太白，别担心，我可是有过飞行经历的，这些我早就知道啦！"小智做了个鬼脸，乖乖地坐到了驾驶位上。

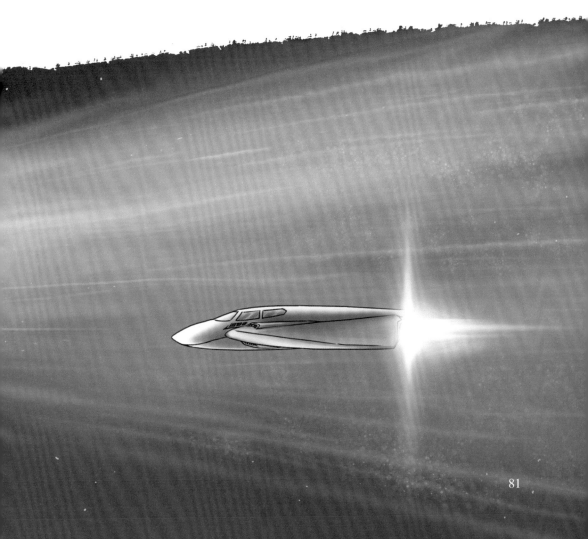

"知道就好，那我们现在就出发了。"太白已经默默地把数据设置完毕，做好出发的准备了。

就在太白即将按下启动键的瞬间，舷窗外突然出现一道亮光。小智猛地转过头："太白，快看快看，这是什么？"

只见一团巨大的"火球"拖曳着一条超长的、闪亮的尾巴，无声地划过，照亮了舷窗外漆黑的虚空，它"嗖"的一下从追梦号旁经过，小智不自觉地闭上了眼睛，再睁眼时，这个神秘来客早已超越飞船，飞向远处。远远地看去，它就像个披着一头银色长发的小女孩，十分飘逸。

小智一下子被吸引住了，它跑得好快啊。"太白，我要追上它，看看它究竟是何方神圣。"

太白一脸迷惑："啊，刚才不是说去水星吗？这么快就变卦了？我可是刚设置好数据呢！"

"哎呀，太白，别废话，再啰嗦都要追不上了。"小智眼看"小女孩"要飞走，急得直跺脚。

"好吧好吧，真拗不过你。"太白很清楚小智的个性，他做出的决定，很难被改变。

"红外探索系统，启动！"

"目标，前方不明飞行物！"

"锁定目标，极速追踪！"

……

一道道指令在驾驶舱内响起，随即转化为对飞船的自动操控。追梦号轻盈地旋转了 108 度，伴随着一阵轰鸣，如同一把离弦之箭窜向前方。和刚刚离去的那个发光飞行物一前一后，划破了宁静而黑暗的宇宙虚空。

小智紧紧地盯着正前方，不久，一抹亮光进入了视野。

"哈哈，终于追上你啦！"

太白连忙启动降速程序，不断调试飞船的速度，终于跟这神

秘星体以相同的速度平行前进了。

小智定睛一看，原来"小女孩"披着的"散乱头发"竟是由极为稀薄的物质组成。

"太白，这究竟是什么？"

"这还不简单，追梦号上有遥控机器人采样机，让它帮我们采集一些样本，再利用物质检测仪检测一下不就知道了吗？"

"好主意！"

"太白，你可小心点，别让采样机成为宇宙垃圾"。

"放心吧，小智，它跟我一样，都是专业机器人。"

一段时间后，太白操控的遥控机器采样机带着样本安全返回追梦号，小智和太白马上对样本的成分进行了检测。不一会儿，物质检测仪发出声音："物质成分分析完毕，这是由水、氨、甲烷、氰、氮、二氧化碳组成的，通常来自彗星。"

"彗星？我们见到彗星了！"小智既兴奋又惊慌，"彗星不就是传说中的'扫把星'吗？遇到彗星会不会惹上霉运呢？"

"霉运？哈哈，好运还差不多，今天可是开眼界啦！人们目前为止发现的彗星有1600多颗，但是在地球上，凭借肉眼便能看到的彗星是相当少的，即使是用望远镜观看，也只有20颗左右。所以，也就只有在太空中，才可以这么近距离的看到彗星！"

"怪不得，在地球上我经常仰望星空，却一次也没见到过彗星。"

"那就趁这次机会，尽可能多的观察和记录吧！"

"正有此意，太白，把飞船开到彗星的最前面，看看头部长什么样。"

"收到！"太白接到命令后立刻执行。

飞船启动加速程序，原本与彗星平行前进的飞船渐渐地将这个庞然大物甩在后面。舷窗外彗尾散发的光芒犹如黎明前耀眼的光亮，又如五彩石般斑斓透亮。飞船加速了好一会才从长长的彗尾处飞到了彗星最前端。

"小智，快看，我们快要接近彗星的头部——彗核了。"

"什么是彗核？"

"彗星是由彗核、彗发、彗尾三部分组成的，彗核是彗星最中心、最本质、最主要的部分。"

"哦，明白了，那我们刚才见到的长长尾巴就是彗尾喽？"

"对！聪明。"

"那是当然，举一反三可是我的强项！"小智对自己的智商可

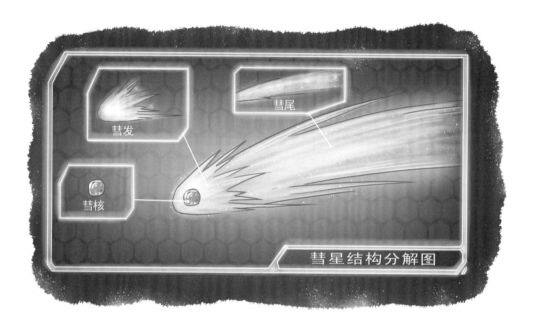

彗发

彗尾

彗核

彗星结构分解图

是相当满意的。

"太白，可否让遥控机器人采样机再出去一次，我想看看彗核的成分是不是跟彗尾中的一样！"

"小智，作为你的贴身机器人，我当然愿意为你的探索提供一切帮助。"

"太给力了，太白。这次让我来遥控采样机器人吧！"

"这太危险啦，采样机如果控制不好，很有可能会被彗星中高速运转的物质击中。"

"没事，放心吧，刚才你在对彗尾物质进行取样时，我早就记住该怎么操作了。"

"这可不是你的玩具小汽车！你真的行？"

"要不……你在旁边发出操作指令，我按你的要求来操作，可以吗？太白，你就让我试试吧！"小智怎么也不愿意放过这样难得的实践机会，开始对太白软磨硬泡。

太白见拗不过小智，只好同意了小智的请求。操作开始了，小智略显生硬的操作，屡次让采样机器人险些遭遇不测，太白紧紧地盯着小智的遥控器，及时地发出一个个指令，小智的操作越来越熟练，慢慢地稳当起来，经过一番努力，终于成功地采集到了彗核物质。

"小智，你真棒！"太白由衷地表扬。

"多亏有你的提示，我才能取得成功，我们真是配合得越来越好啦。"小智也很开心。

小智和太白还沉浸在合作成功的喜悦中，物质分析报告就出来了。"原来彗核由凝结成冰的水、二氧化碳（干冰）、氨和太空尘埃微粒混杂组成，怪不得被科学家称为'脏雪球'呢！"小智又陷入了沉思，"这么好看的星体，被叫成'扫把星'真是可惜。"

　　"太白，你知道为什么大家都管彗星叫'扫把星'吗？"

　　"你仔细看看彗星的形状，像什么？"太白启发式的提问，让小智茅塞顿开。

　　"对，像一把巨大的扫把，哦，原来'扫把星'的绰号就是这么来的啊！所以'扫把星'跟霉运一点关系都没有！"

　　"是啊，因为彗星独特的外观，又不常出现。古时候的人们认为它的出现意味着凶兆。但是，传说中因为彗星的出现而导致的'倒霉事件'，只是一种巧合，实际上是没有任何科学依据的。"

　　"哦，原来是这样，我才不相信这么美丽的彗星会给人带来霉运呢！"小智为彗星被叫做"扫把星"而难过，但同时也因彗星与霉运毫无关系而欣喜。

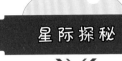

太白看着小智完全沉浸在彗星的风采中，便建议可以用追梦号上自带的摄像机将这奇妙的景象拍摄下来。

"对对，这个视角是地球上怎么拍都拍不到的，可以为天文学家提供彗星的一手资料，也可以放给地球上的小伙伴们看看，让他们开开眼界！"小智在太白的帮助下启动了飞船上的太空摄像机，摄像机根据设置的数据绕着彗星飞行，全方位拍摄彗星的照片。

"哈哈，终于完成了。"小智揣着储存有彗星画面的芯片，如获珍宝。

"终于可以把彗星'带回家'了，现在我们可以去下一站了吗？"太白问。

"好吧，只能跟你说再见了，希望还有机会见到你！"

"小智，别伤感，在浩瀚的宇宙中，会有数不清的彗星，在我们的太空之旅中，你还会遇到别的彗星的。"

"真的？"小智一下子又活跃起来，刚才沉闷的心情一扫而空，不再为告别彗星而感到失落，转而试图寻找太空中其他的彗星。

在美丽而神秘的宇宙中，点点的繁星好似颗颗明珠，镶嵌在辽阔无垠的天幕下，闪闪地发着光。

"太白，你看，这颗拖着尾巴的星体是彗星吗？"小智发现了另一颗跟之前看到的彗星长得差不多的星体。

小智已经习惯了自言自语，因为太白不会对他的每一个问题都进行回答。相反，太白会反问他几个问题，让小智通过思考和联想去寻找自己的答案。小智也渐渐地适应了与太白的这种对话模式了。

"我看这一颗星体也拖着尾巴，但它的尾巴好像比刚才那颗短，它看上去也有彗头，我敢肯定这一定是彗星，只不过它是短尾彗星。"

"哈哈，短尾彗星？小智，你可真会取名字。"机器人太白也被小智逗乐了。

"这一颗确实是彗星，彗星的彗尾一般长几千万千米，最长可达几亿千米呢！别说不同的彗星彗尾长度不一样，连同一颗彗星的彗尾也会发生变化！"

"这么神奇，同一颗彗星彗尾长度居然也会发生变化？"小智惊讶地张大了嘴。

"小智，你觉得彗尾长度为什么会发生变化呢？"

"嗯……可能跟它的形成原因有关吧。"小智恍然大悟，他知

道自己接下来要做什么了。

"太白，我需要移动数据图书馆，我要对彗尾做全方位的了解。"

"收到。"太白启动数据图书馆，海量信息让小智目不暇接。

"太白，这可如同大海捞针啊，太难找了。"小智有点气馁。

"小智，试试语音搜索功能。"

"我想找彗星的相关书籍。"话音刚落，有关彗星的书籍就跳了出来。

"哇，真行。"小智开始仔细翻阅，搜寻目标信息。

"找到了！彗星在轨道上运行，不管运行到哪里，总是在背离太阳的方向形成一条彗尾。当彗星逐渐接近太阳时，冷冻的表面开始蒸发，形成一个巨大的彗头或彗发。在**太阳辐射和太阳风**[2]的作用下，距离太阳近的地方，彗尾变得很长很长，而远离太阳时，彗尾又变短了。"小智激动地对太白说着，恨不得把从书里看来的知识统统告诉太白。

"小智，你可以将看到的和了解到的写入观察报告里啊！"

"对，不跟你这机器人废话了。"

虽然小智对彗星比原来有进一步的了解，但是，知道得越多，

疑惑越多。

"小智，你还不睡么？"

"等等，我再看一会儿资料！"

小智已经完全沉浸在了彗星的世界里。

太空环游笔记

　　[1] 宇宙垃圾：围绕地球轨道的无用人造物体。宇宙垃圾由小到人造卫星碎片、漆片、粉尘，大到整个火箭发动机构成。自 2009 年 1 月以来已有大量的宇宙垃圾滞留在太空轨道中。由于高速的轨道碎片可对运转的卫星造成极大损害，宇宙垃圾问题日益受到关注。

　　[2] 太阳风：太阳风是从太阳上层大气射出的超音速等离子体带电粒子流。

6

类地行星奇遇记
水星、地球、火星、金星

马库斯·图留斯·西塞罗说："如果一个人能对着天上的事物沉思，那么在他面对人间的事物时，他的所说所想就会更加高尚。"

"太阳附近能量真是充沛啊！追梦号上所有的能量储存库都已充满，休整完毕，可以出发啦！"

小智对接下去的旅程早就做好了规划。只不过，昨天看到了突如其来的彗星，使得出发时间推迟了一个地球日[1]。

"太白，这段太阳到水星的旅程，我们要正式测试光速飞行模式了，你再给我讲讲注意事项吧！"想到刚刚离开地球时，爸爸和马腾上将的嘱咐，小智的心里不免有些忐忑。

"首先，光速飞行模式之下，将产生巨大的压力，飞船减压设备将抵消大部分压力，但是对你们人类来说，最安全的方式还是

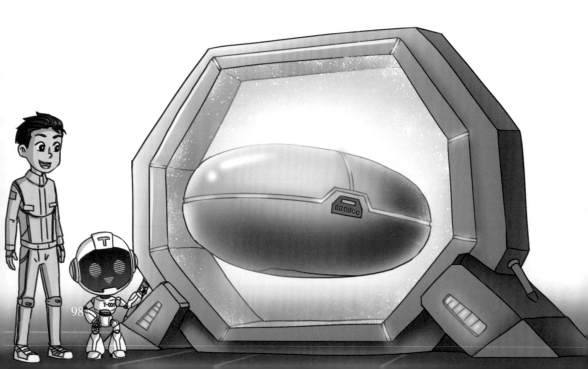

进入特制的减压舱。其次，无限接近光速的飞行将对时间流速产生一定的影响……"太白说完之后，示意小智进入减压舱，并连线地球指挥中心，报备首次试飞。

"光速飞行模式，启动！"只听"嗖"的一声，追梦号化为一道虚影，大约4分钟后，就来到了水星附近。

"测试成功，无惊无险！"太白立刻把信息传递给了小智和地球基地。小智走出减压舱，看了一眼电子钟，不由自主地嘟哝了一句："还真是速度改变距离啊！飞机的普及使地球变成了地球村，光速航天飞机如果普及了，不知道会不会把太阳系变成太阳系村呢？"

"需要登录水星吗？"朱雀发出询问。

"当然！"小智毫不犹豫地回答。

"启动隔热罩，准备登陆。"朱雀发出两条指令。

小智不明白了："我们已经离开了热得要命的太阳，为什么登陆水星还要启动隔热罩呢？"

"水星表面白天温度高达427摄氏度，夜晚温度会降低到 –173 摄氏度。"

小智不由得大吃一惊："天哪！温差这么大，那我还怎么出去

走走啊？"

"小智，你先自己想一想，水星上的温度为什么会是这样？"

太白又开始卖关子啦，小智立刻开启了头脑风暴模式。

"小智，你的思维很发散，但其中只有两点是主要原因。第一，因为水星离太阳很近，它的表面接收到的太阳能量是地球的8.9倍左右；第二，它表面没有大气，使得它的昼夜温差很大。我们即将降落在水星的昼夜半球交界线附近。所以，我们会在短时间内体验到'冰火两重天'的感觉，使用隔热罩，既是为了隔离白天的高温，也是为了隔离夜晚的低温。"

"呃，只猜对了两个原因啊！"小智有些难为情，"不过，能想到这两点也很不错了，对吧？"

话音刚落，追梦号已经降落在水星表面。广袤的大地上一片漆黑，舷舱外什么都看不到。仪表盘上显示舱外温度为–168摄氏度。小智赶紧跑到舱外太空服旁边查看温度安全范围：–180~180摄氏度。"耶，太好啦，安全范围之内！"小智麻利地套上太空服，刚要按下出舱键，就被刚刚检查完飞船着陆状态的太白一把抓住："小智，你想干吗去？"

"太白，你看，我可是检查过了，舱外温度在太空服的安全范围之内，我要去完成自己制订的考察计划啊！你抓着我干吗，快放开！"

"不行，再过3分钟，就要日出了，太阳一出来，温度就会迅

速上升，很可能会超出太空服的安全上限，你现在出去太危险了！"

"哪有升得这么快，你也太小心了，趁现在还在安全值内，快放我出去吧。"小智拼命地扑腾，无奈太白的力气太大，他怎么也挣不脱。2 分钟后，他就歇菜了，可是他生气啊，只见他气呼呼地鼓着腮帮子，瞪着太白。

对峙了不到 1 分钟，舱舱外大放光明。

"天哪，这是太阳？这么大的太阳？"小智一瞬间就忘记了生气，他微张着嘴，震惊得无以复加。只见东方地平线上，一轮硕大的太阳正缓缓地升起，整个地面迅速变得明晃晃的。追梦号此时正停靠在一片平原上，地面几乎没有一丁点儿起伏，映入眼帘的是一大片深褐色的土地，除此之外，再也没有别的色彩。很快，太阳整个跃出了地面，仪表盘上的气温数据"哗啦啦"地向上翻：……200摄氏度……250摄氏度……300摄氏度……地面气温迅速飙升。小智心里凉飕飕的："哎呀，要是刚才没有被太白抓住，我这会儿已经被烤化了吧？太可怕了！太可怕了！"

"这个……太白，谢谢你啊！对不起啊！"小智有些语无伦次，这段时间，他受到的震动太大了。作为一名专业的机器人，太白自然不会跟小智计较，他提示小智继续观察太阳。

咦！这太阳有些不对劲啊！刚刚明明在以肉眼可见的速度上升的，这会儿怎么停在原地不动了。又过了许久，太阳居然慢慢地原路返回！它后退到了地平线以下！温度骤降。

"你可以休息一会儿，调用追梦号上的资料库研读一下水星的运行方式，接下去，太阳将会表演下一个精彩的节目。"

小智已经被这不按常规出牌的太阳撩拨的心痒难耐，这个时候，他的脑子里充满了"十万个为什么"！他也已经适应了太白的启发式教学模式，知道太白不会直接把答案告诉他。于是，他迅

105

速打开了追梦号资料库，输入关键词：水星的运动，开始认真地阅读起来。不知不觉中，几个小时过去了。

"太白，我明白了，现在，水星一定正处于近日点，它的自转速度正在超越它的公转速度，4个地球日之后，太阳会再次升起，我们在水星上多待几天，让我看看第二次日出可以吗？"

"当然可以，你也可以趁着这个长夜，驾驶登陆车去采集一些水星标本。"

小智瞄了一眼气温读数，又回到了 –168 摄氏度。这回他可谨慎多了，再三向太白确认太阳不会马上蹿上来，才鼓起勇气，穿上太空服，打开舱门，开着小型登陆车，在水星上考察起来。

"小智，我们的降落点应该在卡洛里盆地中，别看这里十分平坦，但是水星表面更多的是环形山和断崖，你开车要小心，速度慢一点，不要跑得太远，安全第一。"

"知道啦，我就在附近活动。哎，就算开了远光灯，能见度也不到2米，还能跑到哪里去？"

4个地球日的水星探索，小智采集了不少水星岩石，也在追梦号上好好地休整了一番。终于，2050年3月21日凌晨4:00，水星上的第二次日出开始了。

"真是不敢相信，我会看到这么梦幻的景象！"

"接下来，水星将经历一个漫长的白天，相当于176个地球日之后，太阳才会从西方落下，黑夜才会降临。我们该离开水星了。"太白说道。

"好，出发，我真是迫不及待地想看看离地球最近的行星啦！"

小智驾驶着追梦号缓缓升空，再次启动"光速模式"，他感觉自己才刚刚走进减压舱，金星就到了。"隔热罩启动，登陆金星。"导航系统朱雀再次发出指令，"登陆成功，舱外温度为499摄氏度。"

"天哪，比水星还热，这都是什么环境嘛！看来，在金星上是真出不去了。"小智有些不开心。

"抬头看看太阳吧，你会有很不寻常的发现。"太白神秘兮兮地建议。

"哪有太阳啊，除了云还是云！"

"啊！忘记金星大气过密这一点了，这样吧，我们飞到金星的大气层上方，和金星保持同步自转观察一下太阳吧，真的很有意思！"太白强烈建议。

"等等，好不容易登陆金星，我要好好地观察下。"

太白竖起了大拇指，对小智的探索精神表示认可。

小智又是拍照，又是绘图，又是做笔记，对这个陌生的星球，地球的小兄弟进行着一丝不苟的记录。

啪！啪！啪……硕大的雨点毫无征兆地砸到追梦号上。

嘀！嘀！嘀！"警报！警报！检测到酸雨[2]，对机身的侵蚀度为0.1%！"导航系统语音警报响起。

太白也紧张起来："快走，这是酸雨，有很强的腐蚀性，对追梦号也有一定的伤害！"

小智赶紧按下升空键，追梦号冲出云层后，他长长地吁了一口气。还没有缓过神呢，太白就飞快地输入了一串指令，让飞船和金星保持同步自转。然后，他示意小智观察一下太阳。

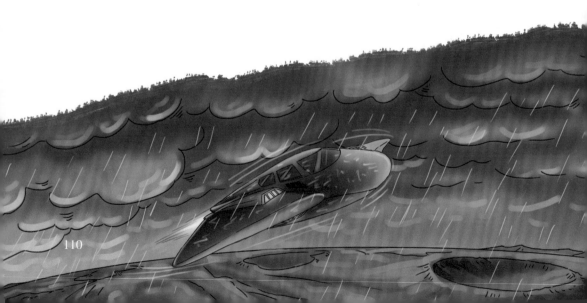

"这比在水星上看到的太阳小了一圈，比在地球上看的还是要大得多，除此之外，也没什么特别的啊。"小智看了一眼正处于日出状态的太阳，小声嘀咕着，"等等，那是什么方向？"他揉揉眼睛，再看，没错！太阳正在上升，是日出啊！可是，仪器显示那是西方啊！难道追梦号的罗盘坏了？

"哈哈，很神奇吧？你没有看错，在金星上，太阳是从西方升起，东方落下的，因为，八兄弟里，金星别出心裁，是自东向西自转的。"

"哦，这些类地行星可真是花样百出啊。赶紧地，录下来，录下来。回家后，我一定要在妈妈打趣'这是太阳打西边出来了吗'的时候，放给她看，哈哈，她的表情一定会很精彩！"小智想象着妈妈被惊呆了的表情，不知不觉乐得笑出声来。太白忍不住翻了个白眼："有这么消遣妈妈的吗？真是个熊孩子！"

待小智如愿地录下了"太阳打西边升起"的视频，太白又设定了下一个目标：火星。

追梦号从地球身边掠过，很快到达火星，降落在这个表面呈暗红色的星球南半球。"你可以穿上太空服，出去走走了。现在是火星的春季，舱外温度只有 18 摄氏度，十分舒适。"太白提示。

112

"耶！终于可以出去走走喽！"小智飞快地穿上太空服，走出追梦号，踩在沙砾遍布的土地上，他发现手中的国旗在随风飘扬。

"有风，火星上居然有风！还是火星和地球更像一些！感觉很棒！太白，既然有大气，温度也适宜，我可以脱掉太空服吗？"

"绝对不行！火星大气是以二氧化碳为主的，如果你不想窒息，最好不要随便行动！"太白的警告声马上传来。

"哎，不就是想想吗……"小智小声地嘟囔着，"对了，火星上的太阳会秀出什么花样来啊？"

"火星的自转周期和地球十分接近，公转周期约为 1.88 个地球年，太阳在这里东升西落，没有什么特别的。"

小智观察了一下，此刻太阳西垂，将近日落。他一屁股坐了下来："我要在火星大自然的怀抱里观看一次日落。"虽然火星表面因为频发的沙尘暴，四处弥漫着沙尘，但这个傍晚就像是小智的幸运日，没有呼啸的风暴，静静悬浮在空气中的沙尘就像一层薄雾，反而使周围的环境看上去神秘而美好。伴随着耳机里传来的轻音乐，小智彻底地放松下来。火星的天空呈现出一种奇特的赭粉色，比地球上看足足小了一圈的太阳越来越接近地平线了。

"呀！太白，快来看，太阳怎么越来越蓝了？是我眼花了吗？"

太白的声音及时出现："你没有看错，这是火星大气给你变的一个小魔术，很惊喜吧？"

"小时候在童话故事里听到过蓝月亮，没想到在火星上会看到蓝太阳，可真是神奇啊！"小智没有搭话，却在心里默默地感慨，此时此刻，他只想把眼前这一片怪诞不经的奇景深深地烙印到脑子里。

随着蓝太阳落入地平线，天色渐渐地暗下来，这里可没有什么都市的霓虹，自然也没有可恶的**夜间光污染**[3]。很快，繁星如闪亮的钻石一般，点缀在夜空中。

"猎户座、南十字、双子座……"小智认识的星座一个个地呈现出它们绚丽多姿的形态，和在地球上观看并无二致。

"看来，天文课上学到的星座定向知识，在火星上也可以用呢！"

"咦，太白，我在制订计划时特别关注了火星的卫星，如果我没记错的话，火星和水星、金星这两个光杆司令可不同，有两颗卫星呢。我在虚拟系统里观察过火卫一和火卫二，看上去长得像土豆。那我们现在不是应该能看到它们吗？我特别期待看'土豆月亮'呢，怎么没找到？它们在哪里？"小智突然想起了自己心

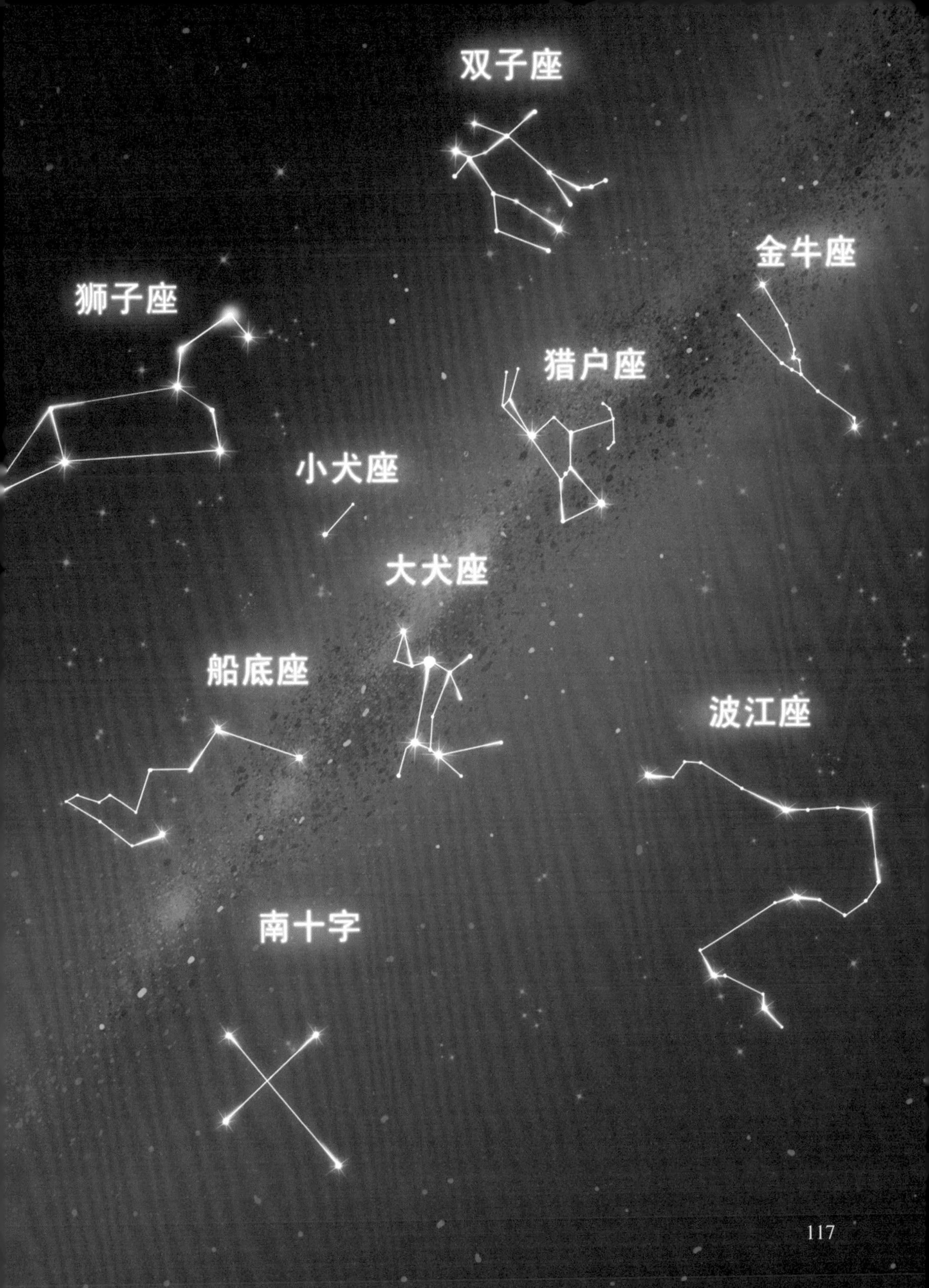

双子座

金牛座

狮子座

猎户座

小犬座

大犬座

船底座

波江座

南十字

心念念惦记着的"土豆月亮",找遍天穹无果,只好向太白求助。

"你的计划做得可真仔细。"太白不知何时已经来到小智身边,首先表扬了小智一番,"不过,这回你恐怕要失望了,火星确实有两颗卫星,但是,它们反射的太阳光太少了,离火星又太远,个头也相对较小,所以,在火星上用肉眼看'土豆月亮',恐怕是很困难的。"

看着小智的情绪突然变得低落,太白转转眼珠,转而建议:"或者,你可以像在地球上进行天文观测一样,用望远镜试试?"

小智一听还有希望,立马就来劲了,说干就干,他和太白一起从追梦号上搬来小型天文望远镜。使用望远镜可是小智的强项,他熟练地操作,不到 3 分钟就架起了望远镜,接通电源,开启智能巡天功能,目标:火卫一。

"滋……滋……滋……"主镜筒自动调整着方向,很快瞄准了目标。小智赶紧从目镜中观望,哈哈,看到啦!真的像一个小土豆呢!但是看起来坑坑洼洼的,怪不得观测过它的人叫它"烂土豆"……虽然火卫一长得不好看,但是小智还是为能在火星上看到它而万分开心。回去一定要和同学好好交流交流,原来我们都太想当然了,以为能像在地球上看月亮一样在火星上看到火卫,实

际上宇宙中的其他天体系统和**地月系**[4]的差异大着呢！

不一会儿，小智就注意到，主镜筒在自动跟踪系统的操纵下，正以肉眼可见的速度自西向东偏转，"咦！又是一个不按常规运转的小家伙吗？它怎么自西向东转啊？难道火星自转方向也是反的？"

"哦不，火星是自西向东自转的，但是，由于火卫一绕火星的公转周期比火星自转周期还要短，由于相对运动的关系，才导致我们看到它自西向东的视运动。"太白解释道。

"原来如此，天体系统的运行还真是复杂啊！"小智又凝视了火卫一许久，才依依不舍地把望远镜指向目标更改为"火卫二"。

瞄准目标后，主镜筒的跟踪转动速度明显下降，方向也反转过来。

"看来，火卫二可比'大哥'跑得慢啊！"

"小智，空间想象能力真不错，火卫二的公转速度确实要比火卫一慢得多。"

小智凑近目镜观察，只能看到隐隐约约的一个轮廓，那就是说，火卫二离火星更远？体积更小？

"这个数据，你可以等回去后自己查阅一下，印象会更深哦！"

小智知道这是太白在提示自己，今后看资料，要更细心一些，

心里也对后面的旅行计划有了新的想法。

夜深了，小智却睡意全无，水星、金星、火星和地球号称四胞胎，虽然都属于类地行星，但真没想到它们实际上有那么多的不同！他打算在今天完成这个阶段的太阳系考察报告：《类地行星大不同》。

明天，就要启航去考察和地球完全不同的类木行星了，小智有些小兴奋，心中好像有一面小鼓，一直在"咚咚咚"地敲着。

太空环游笔记

[1]地球日：指地球自转引起的昼夜交替现象，地球转一周约为23时56分4秒，这就是一个地球日的时长。

[2]酸雨：是指pH（酸碱度）小于5.6的雨雪或其他形式的降水，一般具有腐蚀性。

[3]夜间光污染：是指城市室外照明使天空发亮带来的环境污染，此处指造成对天文观测的负面的影响。

[4]地月系：地球与月球构成了一个天体系统，称为地月系。

7

类木行星奇遇记
木星、土星、天王星、海王星

　　法国天文学家阿拉戈曾经说过："如果我们不是时时刻刻都看见物体在坠落，那引力对我们来说就会是一种非常奇怪的现象了。"

在游历太阳系"四胞胎"——类地行星的过程中，追梦号使用了光速飞行模式，能量消耗巨大。为了让追梦号补充足够的太阳能，同时小智也可以好好休整一番，太白决定让追梦号在火星轨道上停留几个小时。累了一天的小智在满怀期待中进入了梦乡。

一阵轻柔的音乐把小智从睡梦中唤醒，他揉揉眼睛，打了个哈欠，慢慢地坐了起来。

"早上好，小智。早餐已经准备好，请到取餐机前领取。你的爸爸妈妈给你发来消息，祝你有美好的一天！"房间里响起朱雀温柔的声音。

小智用完早餐，和地球基地例行连线之后，太白把追梦号切换到亚光速飞行模式，向着木星飞去，继续太阳系之旅。

吃饱睡足的小智神清气爽，他趴在舷窗边向外张望，此刻，舷窗外美丽的一幕令他不由地屏住了呼吸，一颗巨大的行星从黑色的背景中升起，它的表面有着一条条平行于赤道[1]的环带状云，像披着一件时尚的衣裳！还有一块鸡蛋形状的大型红色斑块，十分炫目地镶嵌在这个明亮的行星上。

"哇！是木星！太白快来看！"小智激动得手舞足蹈。

太白立即来到小智身边："没错，木星是太阳系中一颗十分引

人注目的行星……"

太白还没说完，小智就接过话茬："我知道！它最显著的特点是条纹和大红斑！我在虚拟现实装置中看到过！"

"学得不错嘛！"太白夸赞小智，"那你知道它们是怎么形成的吗？"

"这个嘛……"小智挠挠头，不好意思地笑了，向太白投去期待的目光，"太白，还是你来告诉我吧！"

"木星是太阳系中自转速度最快的行星，所以木星大气中的云会被拉成长条状，就形成了漂亮的条纹。"太白一边解释，一边用全息投影模拟木星的自转，"至于大红斑，实际上是木星上最大的风暴气旋，有点像地球上的台风[2]，美丽的外表之下隐藏着危险。它已经持续至少几百年了，关于它的秘密，科学家也还没有完全弄明白。"

"木星可真是美丽又神秘啊。"小智再次把目光投向了舷窗外，忽然，他好像发现了什么不可思议的事情，用力揉了揉自己的眼睛，又仔细观察了一会儿，才问太白："太白，我好像看到木星旁有 4 个'大月亮'。"

"没错，这就是著名的'伽利略卫星'——木卫一、木卫二、

木卫4-卡里斯托

木卫1-艾奥

木卫3-加尼米德

木卫2-欧罗巴

126

木卫三和木卫四，它们最早由伽利略观察发现。这四颗卫星很大，我们在地球上用天文望远镜就可以观察到它们。其中木卫三的体积比水星还大出很多呢！"太白用全息投影给小智对比木卫三和水星的大小。

"小智，木星除了有四个'大月亮'和好多好多的'小月亮'，还有一种在地球上用天文望远镜不易观察到的结构。"太白提醒小智，小智在脑海中快速搜索着关于木星的信息。

"哈哈，我想起来了！你说的是木星的光环！"小智开心地答道。

此时，太白已经控制飞船飞到了木星的侧上方，好让小智观察得更清楚些。

"在那里！木星淡淡的光环！"小智好像哥伦布发现新大陆一般兴奋。

很快，小智就开始疑惑："为什么我们在地球上不容易发现木星的光环呢？"

"你看，木星的光环主要是由尘埃和较小的岩石颗粒构成，它们对太阳光的反射比较弱，所以不容易被发现。"

"原来如此！"

　　"不过，太阳系里，还是土星的光环最漂亮。太白，我们快去土星看看吧！"小智催促道。

　　"别着急，我们可以利用木星巨大的引力，通过**引力弹弓**[3]让飞船的速度提升 40%！接着再切换到光速模式，就能更快到达土星了。现在朱雀正在根据**洛希极限**[4]计算合适的轨道，安排飞船按照安全轨道航行，我们再多看几眼木星吧。"太白向小智解

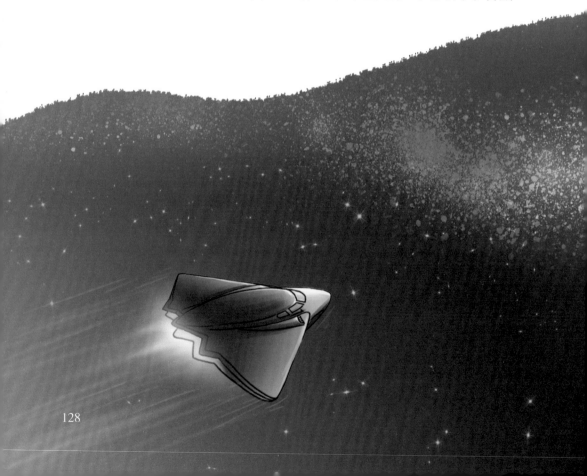

释道。

　　小智利用这段时间在太空舱内完成了每日运动计划和木星考察笔记，他觉得自己越来越像一名合格的太空科考员了！

　　"小智，前方即将到达土星，请返回主控室。"朱雀的声音响起。一颗淡黄色的星体逐渐出现在小智的视野中，这颗行星的赤

道面上缠绕着一个巨大的柔和的光环，看上去美妙绝伦，宛如一件艺术珍品。

"太白！太白！我们到土星了！"小智十分兴奋，"啊！土星环实在是太美啦！"

"不过，"小智指着土星说道，"从这个角度看去，土星真像我奶奶去海南度假时戴的大草帽呀！"

太白看了一眼土星，告诉小智："没错，光环使土星看上去就像一顶漂亮的大草帽，所以有人把土星称为'草帽行星'呢。"

"哈哈，'草帽行星'，这个名字真有趣啊！太白，我们快去近距离看一看土星光环吧。"小智想知道这顶漂亮的"大草帽"究竟有什么神奇之处。

追梦号离土星越来越近。当足够近的时候，小智发现土星环其实由好几个环组成，有些环是浅黄色，和土星本身的颜色相似，而有些环的颜色更深一些。

小智还发现土星环是由反射着太阳光的冰块和颜色暗淡的岩石构成，其中，冰块占大多数。这些冰块和岩石形状各不相同，大小差异也很明显，小的只有粉笔头一般大小，大的比普通教室还要大。它们中的大多数都不是静止的，而是围绕着土星快速

运动。

"虽然土星环看上去只有薄薄的一层，但是它的结构十分复杂。科学家把土星环粗略分成 7 条大环，每一条大环又由上千条小环组成，环环相扣，非常壮观。"见小智一脸惊诧，太白解释道。

小智听太白这样一说，更加仔细地观察起了土星环。

"啊！我看到了！我看到了！这就是我在地球上从天文望远镜中观察到的土星环缝！从这里看过去，它还挺宽的嘛！"小智兴奋地指着一条土星环缝对太白说道。

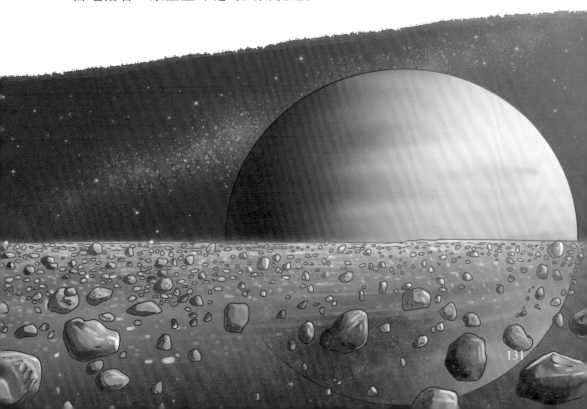

太白看了一眼环缝："那是著名的卡西尼环缝，你说得没错，只要观测条件合适，我们在地球上也能看到这条环缝。它最早就是由天文学家卡西尼利用反射式望远镜发现的。"

太白提醒小智观察一下土星环外围，小智发现在卡西尼环缝之外还有一条更细的环缝。太白告诉小智，这是恩克环缝，虽然比卡西尼环缝要细很多，但也是一条永久性环缝。

土星环和上面的环缝都太神奇了，小智的好奇心又被勾起来了："太白，那组成土星环的冰块和岩石是从哪里来的呢？"

"关于土星环的形成，目前有多种猜想。"太白一边回答，一边用全息投影为小智模拟这些猜想，"有些科学家认为，是土星诞生时遗留下的碎片形成的。有些科学家则认为土星环曾经是土星的卫星，大约 1 亿年前，有一颗卫星离土星太近了，这颗卫星被土星巨大的引力撕裂成了数百万个碎片，环绕在土星赤道面上，形成了土星环。不过，这两种猜想都还有待证实。"

"真有意思，等我长大了，要好好研究一下土星环的成因。"小智觉得自己有了奋斗的目标。

当小智还在认真观察土星美丽的光环时，太白却在控制台前忙碌了起来。

过了一会儿，太白神秘兮兮地对小智说："小智，今天可真是你的幸运日！"

"啊？"小智满脸疑惑。

"不久飞船就要靠近土卫六了。惠更斯号探测器曾在土卫六表面降落，根据它的探测显示，那里有河流、湖泊和岩石。河流和湖泊中流动的不是水而是液态甲烷。它的大气层由大量氮气和少量甲烷组成，科学家认为这和生命起源之前的地球环境十分类似。至今，还没有人类登陆过土卫六呢。"

小智有点不确定地问："难道说，我们可以登陆土卫六？"

太白点点头："根据追梦号的装备配置来看，登陆土卫六没有问题。"

因为这次要游历的四颗行星都是气态巨行星，不适合登陆研究，小智在他的探索计划里并没有登陆安排，这下得知可以登陆土卫六，小智开心得一蹦三尺高："耶！我要成为第一个登上土卫六的人类啦！我一定要把这个好消息告诉爸爸妈妈！"

太白一把拉住兴奋过度的小智，塞给他一套宇航服："先别高兴得太早，土卫六的大气层非常浓密，那里的气温大约是 –170 摄氏度，你需要穿好宇航服。对了，如果你想带一些土卫六的样本

回去研究，别忘了带上你的样本采集工具箱。"

　　追梦号在太白的控制下逐渐靠近土卫六，小智根据太白的建议，认真做着登陆前的各种准备工作，清点需要携带的物品，利用追梦号资料库学习关于土卫六的知识。

　　几十分钟后，追梦号终于平稳降落在一个平坦开阔的区域。

　　"太白，我们不驾驶登陆车吗？"看着径直走向舱门的太白，小智疑惑不解地问。

"对，登陆土卫六是临时决定的，不宜停留太久，所以待会儿你可别跑远了。"太白嘱咐道。

"好嘞，那我们出发吧！"小智边说边开心地迈出了太空舱。

一走出追梦号，小智差点摔个大跟头，这里的地面很硬很滑，似乎裹着一层坚冰。小智开始小心翼翼地行走，以免真的摔倒。这里的引力很小，轻轻一蹬人就会弹起来，这让小智激动之余又忐忑不已。

土卫六的天空很低，布满了条纹状的厚厚的云层，阴沉沉的，小智觉得周边昏暗不已，难以分清昼夜。透过厚厚的云层间隙，可以看到一个巨大的带光环的"月亮"，这不是刚才去过的土星吗？从土卫六上看土星有一种科幻电影场景即视感！

慢慢适应昏暗的光线后，小智终于能够稍微看清一些周围的情况。他们降落在一片河谷中，离追梦号不远处是一条河流，黑色的神秘液体在河里奔腾。河的对岸有许多陡峭的山峰，它们似乎也是由坚冰构成的，反射着微光，显得朦胧、静谧，而又悠远。

眼前的景象和"四胞胎"——类地行星的表面迥然不同。小智惊呆了，不过他没忘记此行的任务，缓慢地移步到河边，打开采样工具箱收集土卫六河水的样本。虽然他已经知道，这里面并不

是真的水，大部分是甲烷。

小智正在专心地工作，突然听到液体撞击头盔的声音。小智抬头一看，发现正在下雨！雨滴旋转着缓慢降落，好像在跳华尔兹舞。小智伸手接了一滴，他发现这些雨滴差不多是地球上雨滴的3倍大！

"太白，这些雨的主要成分也是甲烷吗？"小智转头问太白。

"没错，这是甲烷雨。"太白回应道，"虽然理论上说，甲烷不会腐蚀你的宇航服，但是我们不能保证这里面没有其他会腐蚀宇航服的物质，所以我们还是谨慎点好，小智，我们再采集一些标本就离开吧。"

小智加快速度，又采集了河滩边的一些碎片状物质，跟着太白回到了追梦号上。

"欢迎回来，小智。飞船即将起飞，请回到驾驶座上坐稳。下一站，天王星。"在朱雀的安排下，小智继续他的旅程。

"再见，土卫六！再见，美丽的土星！"小智依依不舍地挥手道别。

小智在采集土卫六样本时，太白利用土卫六上丰富的甲烷给追梦号完成了燃料补给，此时的追梦号能量满满，启动光速模式

飞行，才一个半小时就到达了天王星。

天王星是一颗天蓝色的星球，体积比起土星和木星小了不少。从现在的角度，正好可以看到它的光环，有着很多层不同颜色的光环，最外围的环带是蓝色的，美丽极了。

小智翻看了自己对木星环和土星环的观察记录，发现这些环都是呈水平略倾斜状态，但天王星环居然是竖着的，这太奇怪了！

"朱雀，追梦号有没有偏离水平飞行方向？"小智第一反应是他们的飞船可能在侧着身子飞行。

"追梦号没有改变水平飞行方向。"朱雀为小智排除了这一可能。

"那为什么我看到天王星的光环是竖着的呢？"小智嘀咕起来。他本想问问太白，但是一想到自己已经上过太阳系"八兄弟"的虚拟现实课，应该可以从学过的知识找到问题的答案。

小智快速翻看笔记，他找到一条非常重要的线索。

"因为天王星的自转轴和公转轴存在大约 97.8 度的夹角，导致天王星看起来好像躺在轨道上转动，这样它的光环自然是竖起来的。哈哈，我可真厉害！"小智得意洋洋地笑出声来。

太白听到了小智的分析，笑着回应道："这次你分析的没错。不过，你知道天王星为什么会躺着自转吗？"

"让我猜猜——"小智快速开动脑筋，提出了一个他觉得可能性最大的原因，"可能在很久很久以前，天王星受到了巨大的不明天体的撞击，被撞倒在了轨道上。"

  "这确实是一种可能。有些天文学家猜测，天王星曾经遭受过严重的撞击，这场撞击除了导致天王星躺在轨道上转动，撞击产

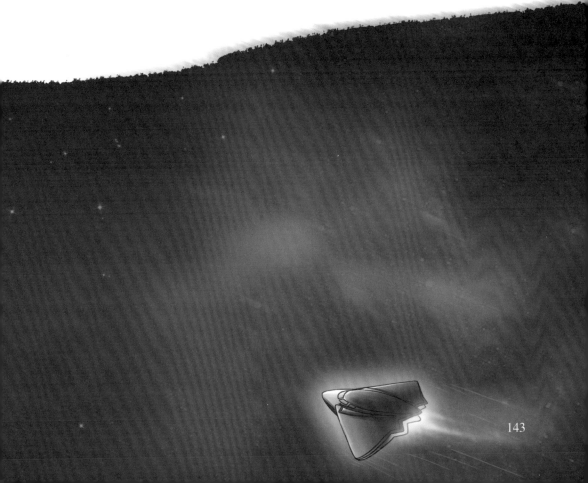

生的碎片可能还形成了它的光环和 5 颗较大的卫星。不过，科学家还没有找到切实的证据，因为作为一颗冰巨行星，天王星的地层表面无法保留任何地质上的证据。"太白补充道。

"哈哈，我猜对了！我南天智可真是个天才！"小智开心地大笑起来。

小智还没得意多久，太白毫不留情地提醒道："别乐啦，为了节约能量，我们不能在天王星待太久。你快抓紧时间完成你的探测计划，我们出发去海王星吧。"

小智在太白的催促下完成了天王星考察笔记。追梦号切入亚光速模式向着海王星飞去。

在追梦号飞行途中，小智感觉到一些困倦，就去休息舱打了个盹。

一觉醒来，追梦号还没有到达海王星。身处茫茫太阳系，没有地球上的昼夜变化，也就不容易感受到时间变化，小智不知道已经飞行了多久。他开始想念家人，想念一起学习和玩耍的伙伴。但他也知道，这是一次非常难得的经历，也是很好的学习机会，自己要懂得珍惜。于是，小智振作精神，一骨碌从床上爬起来，开始整理这次游览的 3 颗行星的资料。

过了不知多久，朱雀温柔的声音再次响起："小智，前方即将到达海王星，请做好观测准备。"

小智放下手中的资料，看向舷窗外那颗蓝色的行星。

海王星比天王星颜色要深一些，体积看起来倒是差不多大。从小智的角度可以看到海王星上有一个巨大的黑斑，大约有海王星的四分之一那么大。

小智一看到这个庞然大物，就想到了木星上的大红斑，他问太白："太白，海王星的黑斑和木星大红斑形成原理类似吗？是不是另一个巨大的风暴气旋？"

看到小智越来越爱动脑筋了，太白非常高兴："小智，你这种举一反三的思维非常好，没错，许多科学家认为海王星的黑斑也是一个风暴气旋，但是也有一些人持不同的看法。不过可以确定的是，海王星拥有太阳系里最强劲的风。地球上有记录的最快风速是 513 千米 / 时，而目前估算的海王星上的最高风速可以达到 2160 千米 / 时，是地球上的 4 倍多呢！"

小智脑补了一下海王星上的风暴场景，吓得直打哆嗦："看不出来，海王星温和的表面下是个暴脾气。"

小智想起此行的主要探索目标是行星光环，他又自行观察起

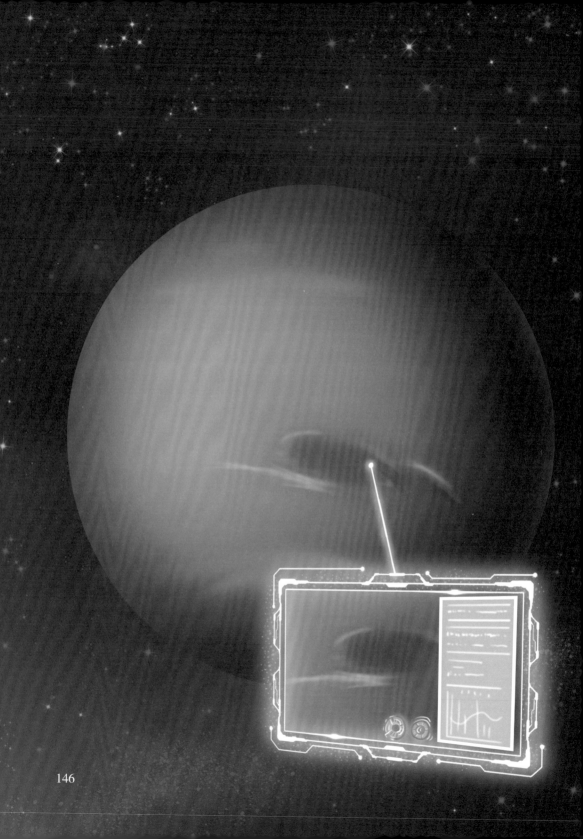

海王星的光环。

　　小智发现，海王星的光环就像木星的光环一般，并不显眼。但特别的是，海王星的光环看起来是断断续续的，有些部分很明亮，有些部分却十分暗淡，远看仿佛不是一个完整的环，而是一段一段的圆弧。

　　"不完美"的海王星环让小智这个追求完美的人士感觉不太满意，不禁小声嘀咕起来："海王星的光环怎么就不能像土星的光环

那样呢？"

太白哭笑不得："宇宙间的一切事物，哪能是你想怎么样就怎么样的。我们能做的，只是把观察到的情况客观地记录下来，再去研究背后的规律。"

小智觉得太白说得有道理，于是，他认认真真完成了海王星的考察记录。

这一阶段，小智游历了木星、土星、天王星和海王星，它们是八大行星中距离太阳较远的四颗气态行星，也是行星中的四个大个子，都有或明或暗的光环，与类地行星有很多不同之处。小智整理好对四颗行星的观察记录后，又完成了第二阶段的太阳系考察报告《自带光环的类木行星》。

接下来，小智将要去探索有着戏剧性历史的冥王星，去感受下那个冰天雪地的世界。在此之前，小智要把一天的感受录成视频，分享给爸爸妈妈，然后再好好休息下，做个美梦。

星际探秘

太空环游笔记

[1] 赤道：是一种人类假想的线，它垂直于自转轴把行星平均分成南北两个半球。

[2] 台风：热带气旋的一种，是指发源于热带或副热带洋面上的低压气旋，当中心附近最大风力达到或超过 12 级（风速 32.7 米 / 秒）时称为台风，大西洋或东太平洋地区又称之为飓风。

[3] 引力弹弓：利用行星的重力场来给太空探测器加速，将它甩向下一个目标，也就是把行星当作"引力助推器"，也可以使用引力弹弓效应使探测器减速。

[4] 洛希极限：是指一个大质量天体吸引着一个小质量天体时，小质量天体可以被大质量天体引力撕裂的最大距离。

8

探秘"另类行星"
被除名的冥王星

卡尔·萨根曾经说过："每个人在他们幼年的时候都是科学家，因为每个孩子都和科学家一样，对自然界的奇观满怀着好奇和敬畏。"

"即将进入柯伊伯带，是否开启自动避让模式？"刚刚睡醒的小智听到朱雀的声音传来，立即来到驾驶舱，前方的小型天体明显地密集了许多。他利索地按下"自动避让"键，以确保飞船的安全航行。

"咦，不对啊！太白，我们离开海王星时设置的下一个目标是冥王星吧？怎么飞到柯伊伯带来了？难道是导航系统出故障了？"

"没有，雷达显示冥王星就在前方。"太白查看了导航系统后回答。

"海王星之后是冥王星，冥王星之后才是柯伊伯带，难道不是吗？不行，太诡异了，我得查一查资料。"小智一边自言自语，一边打开了追梦号的资料库，输入关键词：太阳系。屏幕上显示有1万多条信息！小智继续缩小检索范围：行星，矮行星，柯伊伯带的位置。屏幕上迅速跳出相关的文字和图片，可是，上面居然显示不确定冥王星的位置。这下小智可来劲了："看来，真的有问题呀！"

怎么才能知道答案呢？小智的大脑迅速运转："得再换个关键词，有了，搜'冥王星的公转轨道'试试。"说干就干，小智的手指在键盘上"飞舞"，哈，这下对啦！然而，跳出来的冥王星轨道大大地颠覆了小智的想象。那是一个扁扁的椭圆形，近日点和远日点距离太阳的差距居然有约 19 个天文单位那么大！甚至，当它处于近日点时，它距离太阳会比海王星距离太阳还要近！而当它处于远日点时，就会进入柯伊伯带！

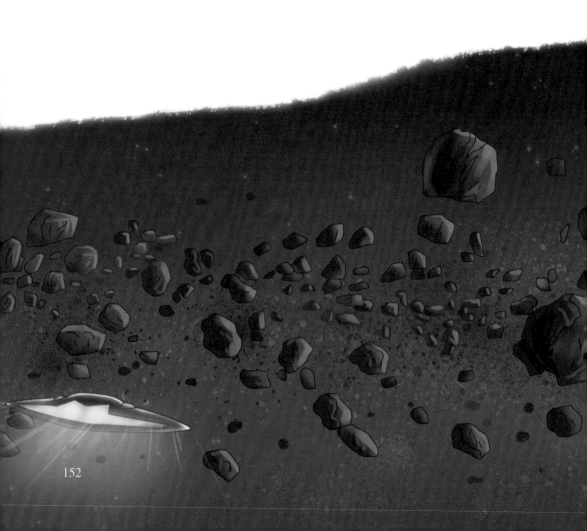

　　"原来是这样！以前读冥王星的资料时，就囫囵吞枣似地记下了冥王星的平均距离和大概位置，却想不到它的公转轨道和八大行星如此不同。要不是今天的偶遇，我对冥王星的认知还会继续错下去。"小智自觉地对自己的学习态度进行了一次深刻的反省。

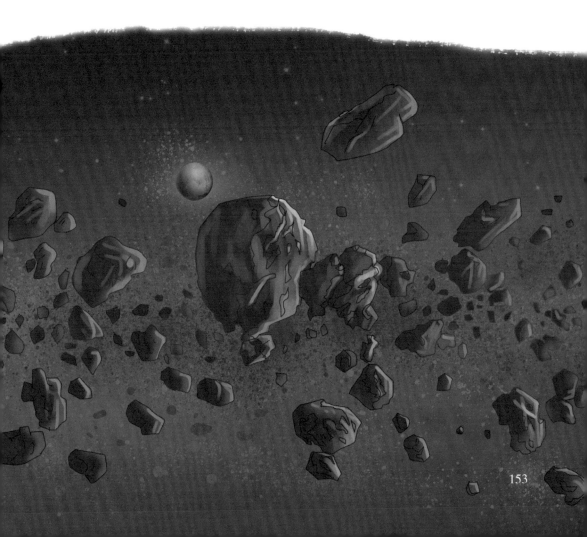

"太白，资料上说，冥王星运行到近日点时，会跑到海王星里面去，我想象了一下，觉得这样的运动很危险啊，万一哪天，冥王星穿过海王星轨道时，海王星也公转到了这个位置，它们不是要相撞了吗？这一撞，会不会引起蝴蝶效应，破坏太阳系的平衡啊……"

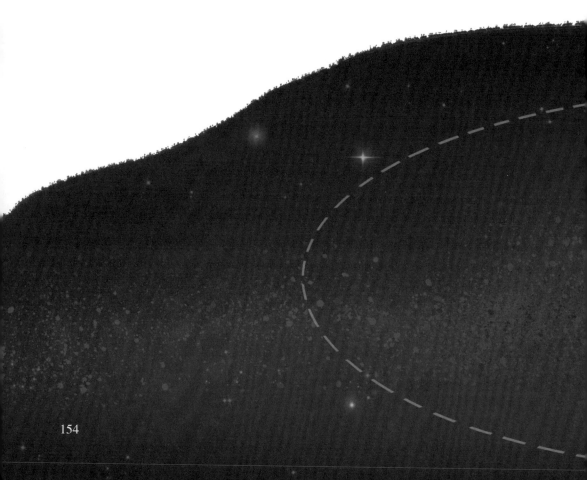

　　"不要担心。"太白及时地阻止了小智的危机推理，"冥王星和海王星之间，存在着神奇的轨道共振，就像我们现在开启的自动避让模式一样，它们是不会相撞的。"

　　"轨道共振？"小智似懂非懂地念叨了一句，转瞬开心起来，

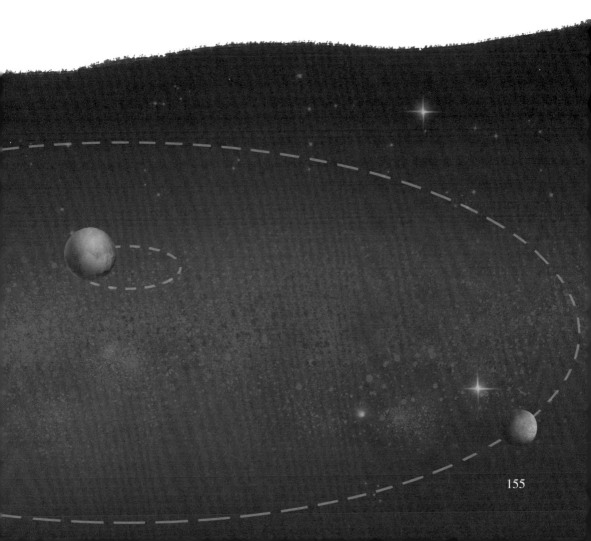

"那我就放心了，不会相撞就好，不会相撞就好！"

"接近冥王星。"朱雀的提示音传来。小智立刻进入观察状态，开启了飞船的自动摄像功能。

透过舷窗，小智看到了一颗色彩斑斓的"冰球"，目测它的个头比地球要小得多，看来，天文学家计算得出它比月球还要小，真的没有说错！小智继而发现在冥王星的附近，还有一颗个子为冥王星一半大小略显不协调的星体，它可不像月球绕地球那样乖乖地围绕着冥王星转动，而是不断地干扰着冥王星。"这肯定就是冥卫——卡戎了！"小智想起冥王星和卡戎独特的运转方式，更加专注地观察双星的运动。果然，冥王星和卡戎都围绕着一个虚拟的中心点，互相绕圈，就像是在跳一段优美的双人舞。小智暗想："冥王星有一个这么不听话的卫星，是不是觉得特别憋屈呢？回头我可以写一篇'不听号令的冥卫——卡戎'，一定很吸引眼球。"

小智继续观察，发现在双星的外围，还有 4 个小个子天体在围绕中心运转，这都是冥卫吧。哈哈，看来冥王星个头不大，阵仗不小啊，不过能拥有这么多的卫星，不知道有没有卡戎的功劳呢？小智对小个头的冥王星能拥有多颗卫星表示十分疑惑。

"遥感探测完成，冥王星表面是固态物质，请问是否需要着陆？"有着自动学习能力的朱雀越来越贴心了。

"当然，准备着陆！"小智毫不犹豫地下达了命令。

随着"轰"的一声巨响，追梦号平稳地降落在冥王星上。

"小智，我得提醒你，追梦号已经平稳落地，但外面实在是太冷了，我们只能安排机器人出舱。"

小智看了一眼屏幕，赫然显示舱外温度为 –229 摄氏度。

舱外
–229℃

"温度这么低，是因为冥王星距离太阳很远，对吗？"

太白赞许道："说得没错。"

小智突然很想知道在冥王星上是否能看见太阳？如果能，又会是什么样子呢？小智"噔噔噔"地跑到操作台，按下了一个蓝色按钮，追梦号白色的穹顶渐渐变成透明状，外面的天空开始清晰起来。小智立马抬起头，这边看看，那边瞧瞧，不一会儿就发现了一颗与众不同的星星："嘿，太白，你看这颗发光的星星是不是太阳？它实在是太耀眼了。"

太白转了转脑袋，回答道："没错，这就是太阳。"

"天哪，比地球上看到的小太多啦！"小智不禁感叹。

"在冥王星上看到的太阳，虽然小，但非常亮，极其刺眼，你不能一直盯着它看。"

"这个大个子就是不听话的卡戎吧？"小智马上转移了方向，指着天空中特别显眼的那个巨大的"月亮"问。

太白经过一番信息匹配，肯定地回答："没错，这的确就是卡戎。"

小智想起来卡戎的直径是冥王星的一半，质量是冥王星的八分之一，怪不得看上去这么点大啦！

在冥王星的远日点上，大气基本全被冻结，因为太阳过于遥远，白天的天空看上去也是暗沉沉的，卡戎靠着反射太阳光，在天空中依稀可见，比起明亮的月亮，却暗淡了许多。

看着和地球大不同的冥王星的天空，小智对冥王星充满了好奇："让我看看，你还有什么秘密吧。"

他再次来到了操作台前，望着大屏幕中的茫茫荒原，看不到有任何生命的迹象。小智一边通过手动操控系统操纵着采样机器人采集星体标本，一边在小脑袋里搜索着关于冥王星的信息。"太白，冥王星是怎么从'九大行星'队伍中被驱逐出去的呢？"小

星际探秘

智想起了冥王星降级事件，但却一知半解，就向太白发问。

　　"要想知道冥王星为什么会被降级，你得先弄清楚科学家们是怎样定义行星的。在国际天文联合会上，科学家们通过投票的方式决议，太阳系中的行星必须满足四个条件。"太白搜索了知识库回答道。

　　"哪四个条件？"

"第一点，这个星体要在轨道上环绕着太阳公转。"

"这个我知道，就是要围绕太阳运动，并且有自己的运动轨道，没错吧！冥王星有自己的公转轨道，但是它的公转轨道又和八大行星有很大的差异。"小智的头脑中马上跳出之前了解到的冥王星公转轨道的信息，"那第二点呢？"

"这个星体要有足够的质量，能以自身的重力克服刚体力[1]，因此能呈现流体静力平衡的形状。"

"什么平衡的形状？听不懂。"小智听得云里雾里，挠了挠头。

"流体静力平衡的形状，简单来说就是要接近圆球形。"

小智回想着陆前远观到的冥王星："我们刚才看到的冥王星就近似于一个圆球体，上面还有一颗爱心呢！"

"你看到的冥王星表面的这个心形区域，被称为'冥王之心'，在这片区域中，还发现了冰原。"太白解释说。

"这一点，冥王星好像还是符合的，那第三点又是什么呢？"小智急切地想知道答案。

"能将邻近轨道上的天体清除。"

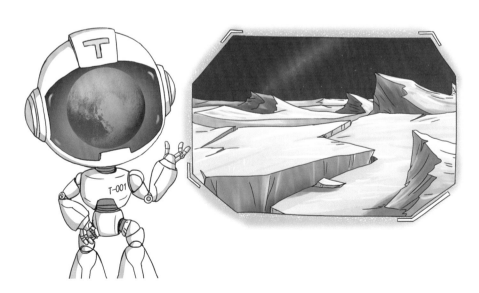

"我不太明白，能具体说说吗？"小智越听越糊涂了。

"'清除邻近区域'是指这颗星体在它的轨道里是最大的那颗星体，而这颗星体要有足够的质量把它轨道里的其他星体清除。"太白看到小智迷茫的眼神，知道他还是不太明白，只好打开虚拟现实装置，通过动画的方式继续解释："打个比方吧，就好像在这片铺平的铁屑之中，用一块磁铁沿一条路线扫过去，这块磁铁会

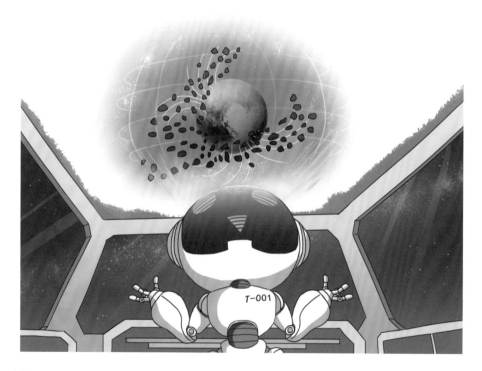

沿路吸取更多的铁屑而变得越来越大。冥王星的轨道上还存在着原始的'杂物'，也就是说，它不符合'自身引力足以清除其轨道附近其他物体'这个判别大行星的重要标准。"

"我好像有点明白了。"

"第四点就是这个星体未发生核聚变。关于这一点，小智，你现在的知识储备量还不足以了解核聚变，等你有了更多的知识铺垫后，我再跟你解释吧。"

小智只好点头道："看来我要学习更多的知识，才能像天文学家那样研究宇宙。才能详细地探知冥王星被降级的原因。"

小智整理好遥控机器人采集的标本，放进了标本箱，又把机器人收回了太空舱。接下来，他打开航行日志，将探索获得的有关冥王星的知识认认真真地记录下来，还将冥王星的降级事件运用思维导图的方式整理了一遍。不知过了多久，音响中传来朱雀温柔的声音："小智，已为你准备好美味的餐点，请到取餐机前领取。"

小智放下笔，摸了摸肚子："真是有点饿了，谢谢你！朱雀，你总是想得那么周到。"

"谢谢你的夸奖，祝你用餐愉快。"

吃饱喝足的小智打了个哈欠，有点困了，于是钻进睡袋中美美地睡了一觉。醒来后的小智看看时间再望望窗外，外面的天色好像没有什么变化，小智感到很奇怪："太白，太白，我睡了多久？"

"这一觉你睡得很好，大概有 12 个小时吧。"

"呀，难道我睡了一整天吗？"想到这里，小智立马慌了神，"我睡了这么久，没有联系爸爸妈妈，他们肯定会担心的。"

说完，小智飞快地跑到控制台前，按下联系键，向爸爸妈妈报了平安，然后又和爸爸聊了会儿冥王星降级事件。结束通信后，

刚刚睡醒时那奇怪的感觉又在脑海中浮现出来："到底是什么地方不对劲呢？"

小智皱着眉头冥思苦想，突然，灵光一现，他连忙跑到舷窗边，望着外边的天色，并再次寻找到太阳。"太白，不对啊，你说我睡了 12 个小时？你在跟我开玩笑吧？你看，太阳还在刚才的位置，我肯定只是眯了一会儿，你在骗我呢，对吧？"

太白哭笑不得："作为专业机器人，我的程序里没有欺骗功能。你确实睡了 12 个小时，而太阳看上去还在原地，是因为冥王星的一天为 153 个小时，相当于地球上的 6 天 9 小时。所以太阳在这里的**周日视运动**[2]相对地球来说十分缓慢，实际上，它还是移动了一点距离，你可以和入睡前追梦号自动记录的太阳坐标对比一下。顺便告诉你，冥王星每 248 年围绕太阳公转一圈，你知道这又意味着什么吗？"

"地球围绕太阳公转一周是 1 年，也就是说在冥王星上的 1 年，相当于 248 个**地球年**[3]？"小智再次被冥王星和地球巨大的差异震撼到了。

"是啊，小智，那你算算如果有冥王星人，他们要多久才能过一次生日呢？"

　　小智迅速回答："我们在地球上 1 年过一次生日，那么冥王星人大概每隔 248 个地球年才过一个生日。什么？看来我要快点设定下个目的地，离开这儿！我才不想 248 年才过一次生日呢。"小智立马系上了安全带。

　　"哈哈哈哈……"船舱中不断传来太白的笑声。

太空环游笔记

[1] 刚体力：对于整个固体来说，内部各微粒间较紧凑可以维持一定的相对位置，宏观上体现为刚性，而产生刚性的这个力就被称为刚体力。

[2] 周日视运动：指地面上的观测者每天观测到天空上的天体明显的视运动状态。

[3] 地球年：又称为年，是计时单位，1 个地球年通常是指地球绕太阳公转一周的时间。

9

幸运日
发现虫洞

斯蒂芬·霍金说："我们看到的从很远星系来的光是在几百万年之前发出的，在我们看到的最远的物体的情况下，光是在 80 亿年前发出的。这样当我们看宇宙时，我们是在看它的过去。"

离开了冥王星，追梦号向着柯伊伯带深处挺进。这是一个充塞着大量小行星和**天体物质**[1]的空间，给追梦号的飞行带来了很大的困难，好在朱雀有强大的自动避让功能，小智在舱中也不用太操心飞船的操控。飞船灵巧地穿梭在小天体之间，小智把头靠在椅背上，双手叠加放在脑后，看着窗外不时掠过大小不一、形状各异的天体，不由地感叹道："宇宙太奇妙了！光太阳系就这么大，这些千奇百怪的天体真是让人眼花缭乱啊！"

太白安静地坐在小智旁边，欣赏着舷窗外的风景，并自动把观察到的景象存入他强大的"大脑"——内置芯片中。"嘀嘀嘀"，太白"大脑"中传来了接收信号的提示音。"算算时间也差不多了，应该是马腾上将发来的返航指示吧。"太白开始读取信息，哇！不得了！这一看，可把一向沉稳的太白也惊到了。

"这……这个坐标！居然是人工虫洞的入口！"原来，这是T-108 共享的信息，Z博士在太阳系边缘投放了一个通往银河系之外的人工虫洞！尽管太白的内心掀起了巨浪，但由于T-108 传送信息时设置了"对小智保密"的命令，太白的表情始终一片淡然，估计这也只有机器人，才能做到如此镇定自若了。

"太棒了！"太白心里想着，"是时候让小智见见银河系了！

不过，既然要保密，我可得先做一些引导和铺垫才好。"

打定主意后，聪明的太白滴溜溜转动了一下眼珠子，开始调侃小智："宇宙？呵呵……小智，太阳系对宇宙来说简直不值一提，这你还不知道吗？"

"我当然知道！"小智急了，"太阳系外有银河系，银河系外

还有许多河外星系，整个宇宙是无穷的，至少目前还没探测到它的边缘……"一口气说了一大通，他才不想被太白看扁。

但随即小智又垂头丧气地说："可是，现在整个宇宙我只到过太阳系，不知道更远处的风景是什么样呢？"

"那你想看多远？"太白抓住时机问。

"能多远就多远吧，要是能看到整个银河系的样子就好了。"小智沉思了一会儿，又略显无奈地说，"不过，我想这是不可能实现的。"

"为什么呢？"太白想听听小智的想法。

小智挺了挺胸，提高嗓音，信心十足地解释道："你看，追梦号的最快航行速度接近光速，而目前探测到的银河系直径至少有10万光年[2]，虽然银河系是扁的，飞到它的上方相对于穿越它来说会近得多，但是起码也要……几万年吧！这不明摆着是不可能的事嘛。"

"嗯，你说得很有道理。"太白赞许道，"知识储备还挺丰富的嘛！"

"那是！"小智丝毫没有承让的意思。他两手抱在胸前，下巴抬得高高的。

"不过你有没有听说过，宇宙中存在着一种叫做虫洞的时空隧道？"太白故作神秘的在小智耳边轻声地说道。

这招果然灵，只见小智两眼放光，嘴巴张大到几乎能塞下一整个拳头。小智对"虫洞"有着疯狂的痴迷，8岁那年，在学校图书馆看的《乔治的宇宙》里提到通过"虫洞"能做瞬间转移，当

时他觉得太不可思议了！从此，小智做梦都想着能遇到虫洞。

"啊！虫洞！听过听过……"小智一边兴奋地大叫，一边手舞足蹈地比划着，"我在书里看到过，是宇宙中可以连接两个不同时空的狭窄隧道，通过虫洞可以实现瞬时的空间转移或者时间旅行[3]，没错吧？我做梦都想体验一把虫洞穿越呢！"

"哎呀，坐好坐好，瞧把你激动得，好像虫洞就在你旁边，马上要穿越了似的！"太白瞧着他这副样子，乐得哈哈直笑。

"嘿嘿……这不是太激动了，一时没控制住嘛！"被太白一提醒，小智的情绪又瞬间低落下来，"唉……到目前为止，虫洞只是一种理论，还没有人在宇宙中发现虫洞。我们也只能是想想罢了。不过，我相信虫洞是真实存在的。"

不等太白发表意见，小智又嘟囔了一句："不过发现虫洞这种事儿，虽然理论可行，但有可能永远也实现不了。"

看小智纠结不已的样子，太白心里暗自窃喜，但它还是一本正经地对小智说："小智，虫洞可遇不可求，飞出银河系恐怕不大可能，但我们现在还没有收到返航命令，飞船的能量也还充裕，我们可以尝试飞得更远一些，也许能看看太阳系全貌。"

"好的！"小智不假思索地调整了航向，"这主意挺棒的，毕

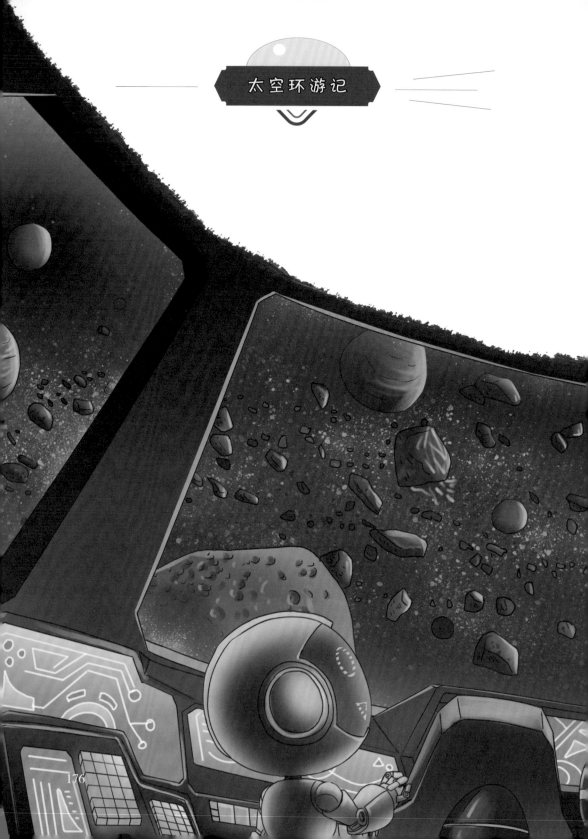

太空环游记

竟，除了太空探测器之外，还没有人到达过离太阳这么远的深空，我走得越远，就代表人类走得越远呢！"

小智心里的自豪感油然而生，当然，他也没忘记向基地汇报。本来已经有返航的想法了，现在嘛，恐怕还得在太空中再多待上一段时间啦，毕竟，海王星之外的外太阳系无边无际，要穿越它也不容易呢！

　　小智靠在椅背上，满脑子都是虫洞的事情：虫洞到底是什么样子的呢？是不是真的如天文杂志上画的那样，像两个连在一起的凹陷的漩涡，从一个漩涡吸进去瞬间可以转移到另一个漩涡所在的空间呢？真的会有这么神奇的现象存在吗？人类能发现虫洞吗？小智正在沉思当中，突然，追梦号剧烈抖动起来，瞬间打断了小智的思路。只见仪表盘上的指针左右乱晃，驾驶舱内的座椅、操控台、显示器等都在剧烈抖动，信号接收器传来"滋滋"的噪声。怎么回事？小智慌了，太空之旅开始以来还没有遇到过这种

情况呢！"是不是遇到什么危险了？还是哪里出故障了？"小智心里想着，可还没等他反应过来，太空船像是被一股强大的引力吸住了，猛地朝一个方向飞驰过去。

"啊……"小智不由自主地闭着眼睛大叫起来。脑中浮现出各种糟糕的画面："完了完了，这次死定了，我南天智要葬身太空了！"不一会儿又转念一想，"幸好我之前采集了很多标本，记录了很多行星的资料，可以供天文学家研究，也算为航天事业做出了贡献。但是，追梦号还能回到地球去吗？老爸老妈该有多伤心啊……"

不知过了多久，小智感觉到太空船似乎变平稳了。他慢慢地睁开眼睛，环顾四周，果然太空船不再摇晃了，仪表盘、操控台、显示器等也恢复了正常。小智使劲掐了一下自己的大腿，疼得嗷嗷直叫："哈哈，我没有死……没事了！太好了！"小智直起身子，目光转向窗外，透过追梦号的舷窗，只见不远处出现了一个绚丽的"大饼"，小智以为自己眼花了，使劲揉了揉眼睛，再用力睁开，那个"大饼"还在原地。

"太白！太白！"确认不是自己眼花后，小智赶忙呼叫"智多星"，可是太白却一动不动。

　　"说话啊，太白……"小智继续呼叫着。

　　"太白！"小智担心地大声呼喊，刚才究竟发生了什么？难道太白出故障了？自从跟太白在一起后，可没见他出现过问题呢。虽然俩人经常拌嘴，太白还是机器人，可是小智早已把太白当成自己最好的朋友。"放心，我一定会让研发中心的叔叔们把你医好的。"小智难过又坚定地跟太白说道。行动派小智立即按下通信按键，可是，他听到的是一阵刺耳又悠长的电波声："滋……滋……

滋⋯⋯"一点信号都没有！这下，小智真慌了，无法连接基地？
到底发生了什么？我这是到哪里了？

"滋滋滋，滋滋滋⋯⋯"突然，太白身上也发出一阵刺耳的声
音，接着传来了太白的说话声："我想，我们刚才穿越了虫洞，太
空船上的机器都受到了干扰，包括我。"

"哈，太白你没事，太好了！"小智开心地抱着太白大叫：
"担心死我了！"

"你小子还蛮讲义气的嘛！"太白打趣道。

"那是当然。"小智也毫不客气，真是一对活宝。

"呃，你刚才说什么？我好像听到……虫洞？"小智回过神来，将信将疑地看着太白。

"是的，我想，我们刚才穿越了虫洞。"太白又重复了一遍。

"啊，虫洞！"小智激动地大叫，一副难以置信的样子："你说我们刚才穿越了虫洞？这怎么可能！呃……太白你的大脑刚才

是不是受到干扰，坏掉了？"

"我大脑里的芯片有强大的对抗干扰的能力，没那么容易损坏。"

"这么说，你说的是真的？"小智似乎还不敢相信。

"是的，我刚刚进行了数据分析、模型对比，基本上可以确认，我们刚才是被虫洞吸进去并转移到了另外一个空间。"太白肯定地说。

"哦！天哪！我们居然穿过了虫洞，太不可思议了！这么说我是发现宇宙中真实存在虫洞的第一人了！我真是太幸运了！我要告诉爸爸妈妈和老师，还有同学们，说不定还会有电视台来采访，我就会成为家喻户晓的名人！诶，对了，这个虫洞会不会以我的名字来命名啊？"小智兴奋不已，觉得自己马上要被载入史册了。

"喂，醒醒，别做美梦了！"太白把小智拉回现实，"快看看我们现在到什么地方了？"

"哦，嘿嘿……兴奋过头了。"小智不好意思地摸摸自己的头，转而望着眼前这个美丽的"大饼"，并在脑海中努力搜索着："我好像在书里看见过它嘛！长得像一个大饼……难道这是……这是……"

"没错！"太白抢先一步答道，"这就是银河系！我们现在正在银河系的上方。"

"银河系！刚才我们还在说不可能看到银河系呢，现在就看到真正的银河系了？天哪！我的梦想成真了，太棒了！"小智长长地吁了一口气，百感交集，"梦幻般的银河系啊！比书上画的还要漂亮！"

银河系看起来像一个中间厚、边缘薄的扁平状铁饼。似乎有好多条手臂，在带动着整个盘面旋转。小智连忙搜索脑海里关于银河系的知识："自内向外，这是银心、银核、银盘，还有银晕和银冕。哈哈，我是不是很博学啊？"

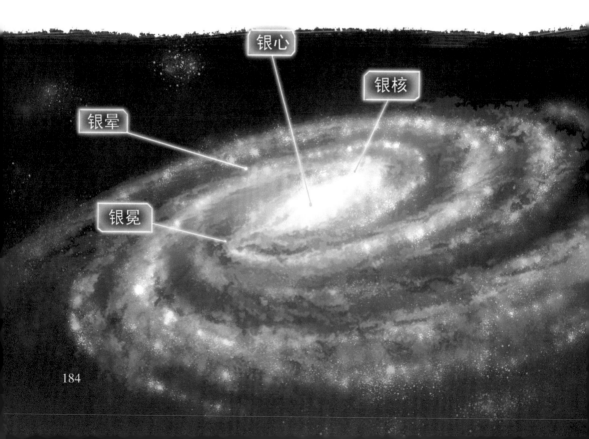

　　小智得意地瞄了一眼太白，继续做他的科普解说员："银盘是银河系物质的主要组成部分，银盘中间隆起的近似于椭球形的区域是恒星的高度密集区，中心是银核。银盘外面是一个范围更大，接近于椭球形的区域，叫做银晕。银晕外面还有银冕，它的物质分布大致也呈椭球形。银河系具有**旋臂结构**[4]，按哈勃分类法，它应该是一个巨大的**棒旋星系**[5]。"

　　"那是什么星星？"小智继续仔细地观察着眼前的巨无霸，他

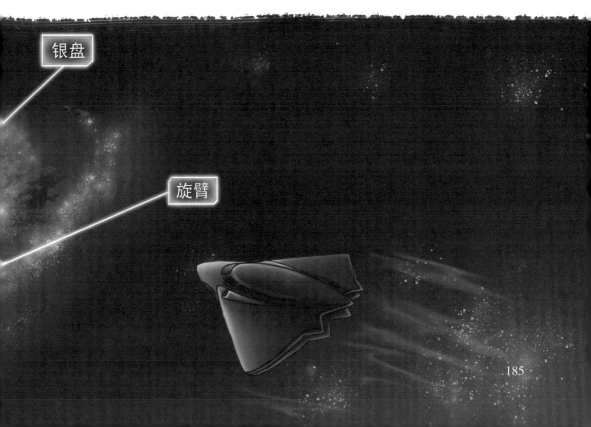

发现银河系内，有着许多闪耀着红色、蓝色光芒的星星。

"红色的叫**红巨星**[6]，蓝色的叫**蓝巨星**[7]。"太白顺着小智手指的方向——告诉小智。

"那里有许多星星聚在一起的星团。怎么这些星团多数是蓝色的？"小智对眼前的许多景象都感到无比好奇。

"因为大多数星团由蓝巨星组成，由这些蓝巨星组成的形状不规则的星团称为疏散星团，整体像圆形，中心密集的星团称为球状星团。"

"还有，那边一片一片的云雾状物质，我知道了，那是星云吧？"小智指着远处，被美丽的景色吸引住了。

"没错，那些是星云，星际物质在宇宙空间的分布并不均匀。在引力作用下，某些地方的气体和尘埃可能相互吸引而密集起来，形成云雾状。人们形象地把它们叫做'星云'。按照形态，银河系中的星云可以分为弥漫星云、行星状星云等几种。星云的颜色取决于组成星云的物质元素。"太白不慌不忙地解说。

"哦，星云可真漂亮！"小智喃喃自语，目光已经被五彩星云牢牢锁住了。

半晌，小智才回过神来。

187

"嗯……"小智似乎想起了什么，"太阳系是属于银河系的，那么太阳系在哪个位置呢？"

太白调整了下太空船的角度，然后指着前方说："就是那里。"

"哪里？没看到啊！"小智一脸茫然。

"因为太阳系在银河系中实在太渺小了，我们需要借助工具来观察。"太白说完就对太空船输入了光束指令，只见太空船发出一条明亮的指示光束，小智终于找到了太阳系，它看起来那么小，只是银河系众多星系中不起眼的一个，更别说地球了，根本找不到它的影子。

"太阳系位于一条叫做猎户臂的旋臂上，距离银河系中心约2.64万光年，太阳在银河系中的运行轨道大致是椭圆形的，绕银心旋转一周约需要2.5亿年。"太白说。

"太震撼了！"小智暗自感叹道，"真是神奇的宇宙！"

"其实我们在地球上也能看到银河系。"太白说。

"这我知道，就是牛郎织女隔着的那条银河嘛，像一条宽宽的乳白色的大河。"

"那你觉得我们地球上看到的银河是整个银河系吗？"太白问。

"嗯……"小智思索了一下回答，"不是。我想银河系对地球

来说实在是太庞大了，地球上不可能看到银河系的全貌。"

"没错，我们在地球上看到的银河，是银河系的一个侧面，仅仅是银河系的一部分，因为那里星星比较密集，于是看上去就成了一条'大河'。其实，我们夜晚肉眼看见的，所有方向上的星星几乎都是银河系内的天体。"

小智认真地听着太白的介绍，脑子里使劲回想在地球上看到的星空。一会儿紧蹙双眉，一会儿又赞同地点头。

过了一会儿，小智似乎又想到一个问题，转头对太白说："诶，太白，既然银河系像一个大饼，我们能到银河系的侧面看看这个饼有多厚吗？"

太白无奈地摇摇头："不行不行，从银河系上空到银河系的侧面距离实在过于遥远，我们的飞船无法在短时间内到达，除非有另一个虫洞刚好连接着银河系的边缘空间，不然我们是不可能到达那里的。"

追梦号太空船在银河系上空盘旋着，小智坐在驾驶舱里，眼睛直直地望向舷窗外，一刻也没离开如梦境般的银河系，此时此刻的小智深深感受到了宇宙的广袤，同时也感叹人类的渺小，人类对宇宙的探索也将永无止境。

太空环游笔记

[1]天体物质：存在于地球大气层之外，宇宙间的各种物质，包括行星、恒星、彗星、宇宙射线，等等。

[2]光年：长度单位，一般用在天文学中，是指光在宇宙真空中沿直线传播一年所经过的距离，约等于94 605亿千米，是根据时间和光速计算出来的单位。

[3]时间旅行：指人离开现在而置身于未来或过去。

[4]旋臂结构：是指螺旋星系内部，从中心或中心附近出发，由亮星、亮星云和其他物质组成，从里到外旋转形成的螺旋形带状结构。大多数螺旋星系有2条以上旋臂，银河系有4条。

[5]棒旋星系：是指中心附近具有由恒星聚集形成的短棒形状的螺旋星系。

[6]红巨星：是指外表为红色，体积十分巨大的恒星，当一颗恒星度过它漫长的青壮年期步入老年期时，它将首先变为一颗红巨星，红巨星是恒星的生命末期。

[7]蓝巨星：是年轻恒星的典范，质量很大，温度很高，其内部的核反应速率也很大。

10

穿越虫洞
星河速览

斯蒂芬·霍金说:"我的目标很简单,就是把宇宙整个明白——它为何如此,为何存在。"

小智渐渐从"偶遇"虫洞、穿越虫洞、在最佳视角观察银河系的巨大惊喜中冷静下来。这么难得的经历，应该好好记录每一个细节，或许这能成为科学家们找到虫洞的线索，从而开启人类宇宙探索的新纪元呢！说干就干，小智打开太空考察日志，开始回顾这段神奇旅程。

"太白，我们是在柯伊伯带掉进虫洞的吧？你还记得当时的坐标吗？"小智开始向太白询问关键数据。

"非常抱歉，当时事发突然，我也没有注意掉入的坐标，不

过，在柯伊伯带肯定没错！"太白的数据库里虽然十分清楚地记录着虫洞入口的坐标，但是，这可是来自未来的科技共享。为了不扰乱时空，太白早在接收坐标信号时，就同时接收了"绝对保密"的命令，自然不可能把坐标数据告诉小智。再说，这个人工虫洞的持久性还是个未知数，也许现在已经自我坍缩[1]了呢。

小智不甘心，又仔细查阅了朱雀的航行记录，却失望地发现，之前号称面面俱到的航行记录系统中，对穿越虫洞这一段航程的记录居然出现了断片。

"唉，看来虫洞中的环境真是非同一般啊！对太空船和机器人的干扰居然大到这种程度，真是太遗憾了！柯伊伯带那么大，没有明确的坐标，要再找到虫洞入口，真是好比大海捞针了。"小智不由得一阵沮丧。

"啊！问题大了！太白，刚刚穿越过来时，因为你受到干扰还没有恢复，我曾想求助酒泉基地，可是通信已经完全切断了，我们在这里不能联系到地球了吗？"

太白立刻进行了一番通信测试，确认道："我们确实和地球失去联系了。这也正常，毕竟我们是通过虫洞进行了空间跳跃[2]，现在我们到了银河系之外，距离地球太远了，以追梦号目前的通

信设备，要联络地球基地，恐怕无法实现。"

"唉，这下老妈还不知道要掉多少眼泪呢！她一定会脑补很多我在太空遇难的凄惨画面……"小智越想越担心，"不行，我们赶紧回去吧。哎呀，虫洞出口的坐标还记得吧？别告诉我这头的坐标信息也没有了，那可就糟糕了！"

"恐怕……又被你说中了……"太白小声地回答。

"嘶……"小智倒吸一口凉气，舷窗外的银河系炫丽如昔，但是小智此刻再也无法关注它的美丽，盯着窗外无尽的黑暗和仿佛

触手可及的银河系，明明知道家就在那里，但是如果没有虫洞，哪怕启动光速飞行模式，回到地球至少也得几万年后！小智的脑海中一片空白，欲哭无泪。

"小智、太白，不要灰心，告诉你们一个好消息，经过初步的数据处理，我发现我拥有了感应虫洞的能力。"朱雀的声音意外地响起。小智从极度的绝望中看到了希望，但怀疑自己是幻听。所幸，朱雀的声音还在继续，小智越听越兴奋，"刚刚经历的虫洞穿越，让自动航行记录功能受到强烈的干扰而失效，我没能记录航行坐标，但是我的智能信息处理内核并没有停止工作。我发现虫洞所在的空间有一种特殊的波动，因此，只要某处空间有异常波动，我就能用无线电遥感系统感应到，只要筛查出和刚才相同的波动，应该就能再次找到虫洞。"

此时的太白，在经历了一段时间的沉默后，也出声认同了朱雀的分析。

"那还等什么，朱雀，你快感应一下，找找虫洞吧！"

……

一段漫长的等待后，朱雀终于再次传来消息："6点钟方向，有异常波动，可能存在虫洞。"

　　小智立马就要发起启航命令，太白却阻止了他："小智，我必须提醒你，朱雀只是粗略感应，可能那里没有虫洞，也可能那个虫洞并不是通往地球。"

　　"宇宙探索本来就充满了危险，这个我在出发前就想好了，遇

到困难时，只有不断地前进，才有可能克服它，我选择去看一看！"小智明显地经过了一番思想斗争，最终下定了决心。

太白欣慰不已，把小智的这段话发送给了 T-108，在太空环游的过程中引导小智不断成长，看来自己这个任务完成得不错呢。追梦号已经调整航向，向着 6 点钟方向挺进，大约 3 小时后，舷窗外出现了一个球状的引力透镜。

"这，这就是虫洞的入口？"小智这回可是亲眼看到了虫洞入口，他立刻拍摄了照片，还启动追梦号定位功能，测算了当下坐标，存入档案。

"嗯，这下不怕数据缺失了。我们进去吧！"

"收到，坐稳啦！"太白操纵着飞船说。

屏幕上出现了倒计时，"10……9……8……7……"随着时间

一秒一秒地过去，小智的心跳越来越快，虽然已有一次穿越虫洞的经验，但小智还是激动不已。

"3……2……1！"瞬间，仪表盘上的指针开始左右晃动，驾驶舱内的座椅、操控台、显示器等又开始剧烈的抖动起来。小智这次不再那么慌张了，他从驾驶舱的小窗口从容地往外看，感觉自己坐在一辆不断旋转的过山车里，两边不断有发光的不明物体向自己砸来，就像夜晚站在广阔的空地上，头顶有无数颗流星"唰唰唰……"地飞来。

小智马上寻找摄像机，打算把窗外的景象拍摄下来。就在小智寻找的过程中，不小心碰到了操控盘。这时太空舱内瞬间发出了"滴滴滴……"的刺耳的警报声。

朱雀发出了警告："请注意，请注意，太空舱正在穿越虫洞，请勿触碰操控盘。"

警告连续播报了三遍，小智却不以为然，冒险精神不由自主地在他脑子里蹦了出来："转动方向盘，是不是就可以从这个虫洞中拐出去，进入别的不知名的时空呢？哇，感觉很刺激啊。哈哈哈……"

小智还在偷偷地笑，却被太白重重地敲了下他的脑袋瓜："你

以为你在看电影啊？科学家认为虫洞离不开黑洞，因为只有黑洞把时空进行扭曲才能形成连接不同时空的虫洞。有科学家认为，只有直径达到 10 万千米的超级黑洞，形成的虫洞才可以允许一艘太空船通过。根据这样的条件来分析，如果在虫洞中穿越时，太空船不小心从虫洞中拐出去的话，可能就会掉入黑洞[3]之中，不用说，那样就会被撕得粉碎。打个比方，这就像你开一辆车在一条路上飞驰，中途你的车突然拐弯了，最大的可能性就是掉进沟里，而不是开到了岔路上。除非是两条虫洞相交，拐到了另一个

虫洞里，否则就会像掉到沟里一样出现事故，并且没有生还的可能，因为黑洞的强大拉力会把进入者撕碎成**基本粒子状态**[4]。再说了，你不是想回地球的吗？怎么瞬间就想拐道了，还要去另一个时空，真到了另一个时空，那就更回不去啰！"

小智被太白吓出一身冷汗，庆幸刚才只是轻轻地碰到了方向盘，否则自己现在可能成基本粒子状态了。小智还在后怕中，突然机舱安静下来了，可想而知，他们已穿越成功。

小智睁大眼睛往外看，想找到一个熟悉的天体，只要回到了太阳系，回家就有希望了。很可惜，他看了半天，也没有发现。只好再次求助太白："太白，快从你的资料库里搜索一下，我们这是跳跃到哪里了？"

太白装模作样地检索了一番："前方那个是仙女座大星系，又叫仙女座大星云，它是位于仙女座方位的一个巨大的漩涡星系，比我们银河系还要大一些。"

"什么！我们到仙女座大星系附近了，怎么越来越远了？"

"小智，不要担心，这次经历证明，朱雀真的具备了感应虫洞的本领，而且在太空中真的存在虫洞。这次没有穿越到太阳系，就再找一个虫洞呗，说不定下次就能回到太阳系了。现在呢，机会难

得，作为一名合格的太空探险家，是不是应该投入科学考察啊？"

在太白沉稳的语调中，小智渐渐安下心来，他想了想，觉得太白说得有道理，再加上他天不怕地不怕的性格，就决定既来之则安之啦。心情一平复，小智立马就投入了观察，他看着前方的超级星系[5]说："不愧是比我们的银河系还大的星系啊！看着像个巨无霸！"

"小智，你知道吗？仙女座大星系还是我们在地球上肉眼可见的天体之一呢。"

"呀，你这么一说，我想起来了，在去年暑假夏令营时，我在望远镜里看到过仙女座大星系，那时它是小小的、模模糊糊的一团。没想到飞到它的领域看，有这么大啊！"小智开始把眼前的仙女座大星系和曾在望远镜里看到过的仙女座大星系进行对比。

太白则在追梦号资料库里搜索仙女座大星系，他把屏幕上的仙女座大星系放大，准备再给小智科普一些知识。小智正紧紧盯着窗外这美丽的星系发呆呢，却被太白一把拉到了屏幕前，小智看着屏幕上的仙女座大星系，发现了一个有意思的现象，刚才看上去像一个织布机里的梭子那样的仙女座大星系，在屏幕上居然看着像个大漩涡啦！

小智疑惑地问："为什么它变形了呢？"

"那是因为我们现在正处在仙女座大星系的侧面，而屏幕上显示的是从它的上方俯视它的样子。仙女座大星系的直径大约有 22 万光年，以我们的飞行速度，从它的侧面到正面需要 10 万年，所

T-001

以我们只能在电脑上看看它正面的样子了。"

"哦，原来是这样啊，所谓的'变形'不过是观察的角度不同造成看到的形状不同而已！"

"十分正确，看来你已经是一名优秀的天文观测者了。"

　　小智露出了得意的微笑，他更喜欢从正面看到的仙女座大星系，茫茫宇宙就像是深邃的大海，仙女座大星系就像大海里的一个漩涡，十分迷人！

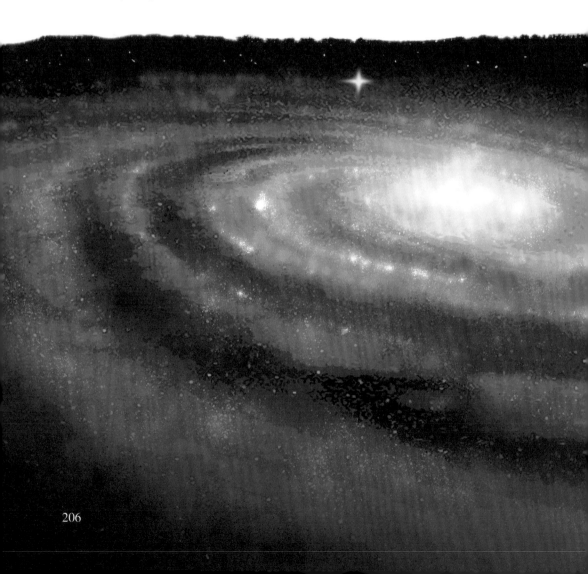

　　"**漩涡星系**[6]被很多天文学家认为是宇宙中最美丽的一种星系呢，你看，它的对称面附近雾蒙蒙的，那是因为它含有大量的弥漫物质。"太白继续讲解。

"太白，我怎么感觉又回到了银河系啊？"

"仙女座大星系确实和银河系非常相似，都是螺旋星系呢。它们共同主宰着本系星群，相互间的距离约 220 万光年。"

"感应到 8 点钟方向有异常波动。"朱雀的声音再次响起。

"这个感应本领可真了不得，宇宙空间里居然有这么多虫洞。如果能返回地球，一定能帮科学家找到虫洞！"小智暗自喜悦。

太白说："走，准备穿越下一个虫洞。"

追梦号再次进入了虫洞，这次小智可长记性了，一动也不敢动。"唆……"很快他们又来到了一个全新的空间，小智瞪大了双眼，唉，看来，还是不在太阳系。他用目光搜寻了一圈，指着远方说："太白，你看前方那个星系，和之前看到的都不一样，是椭圆形的呢。"

"是的，在哈勃的星系分类系统中，这个就是属于椭圆星系。曾经很多天文学家有不同的星系分类方式，而在 1925 年哈勃提出的这个分类系统是目前用的最广泛的一种，他根据星系的不同形态，把它们分为**椭圆星系**[7]、**螺旋星系**[8]和**不规则星系**[9]。"

"哦，那这就是椭圆星系，它的中间区域看上去好亮，越到边缘越暗，这旁边一颗颗的应该是恒星吧，怎么看起来有点红呢？"

太白解释道："它们没有或者只有少量的气体和尘埃，辐射大部分来自红巨星，所以颜色一般偏红。"

"哇，这些都是书上写着的河外星系吧？太阳系里的天体各式各样，巨无霸星系也是千姿百态的，宇宙真是神奇啊！"小智感叹道。

"是的，它们有的正在孕育时期，有的风华正茂，有的已历尽沧桑，处于暮年。星系之间有的互相连接，也有的在分裂或互相吞并。展现在我们面前的是一个神奇壮观、魅力无穷的星系世界。值得注意的是，我们现在能看到和探测到的宇宙还不到整个宇宙的三分之一，还有三分之二的物质和能量，我们对它们知之甚少，只能称它们为暗物质、暗能量。"太白说。

"9点钟方向，探测到虫洞。"

"希望这次能回到太阳系啊！"小智口中念念有词，似乎在进

行虔诚的祈祷，看来，他是真的想家了。太白见他这般模样，暗暗想："这次，你能如愿喽！不过，回到太阳系后，要再使用朱雀寻找虫洞，恐怕不容易呢！宇宙中哪里真有那么多虫洞啊，要是真有那么多，科学家也不至于一直发现不了。这次么，当然还是来自未来的助力啊！"

"唰……"追梦号再次进入虫洞，准备返回太阳系。

太空环游笔记

[1] 坍缩：指恒星的物质收缩而挤压在一起。在恒星生存期的某一阶段，其内部温度将会降低。在引力作用下，恒星内部物质的原子结构会遭到破坏并挤压收缩。

[2] 空间跳跃：空间跳跃技术，是建立在弦理论的发展上，通过基于人工虫洞建造的宇宙弦，来实现超空间跳跃的技术，基于现今科学技术，无法通过人工手段制造出宇宙弦。

[3] 黑洞：黑洞是现代广义相对论中，存在于宇宙空间中的一种天体。黑洞的引力极其强大，使得视界内的逃逸速度大于光速。黑洞无法直接观测，但可以借由间接方式得知其存在与质量，并且观测到它对其他事物的影响。

[4] 基本粒子状态：一些基本粒子所呈现的状态，形容非常的细。

[5] 星系：广义上星系是指无数的恒星系、尘埃组成的运行系统。参考银河系，它是一个包含恒星、气体、宇宙尘埃和暗物质，并且受到重力束缚的大星系。

[6] 旋涡星系：螺旋星系的一种，外形呈明显的旋涡结构，有明显的核心，有旋臂从中心螺旋出发，因形状很像江河中的旋涡而得名。

　　[7] 椭圆星系：又叫椭球星系，外形呈球形或椭球形，从地球上观测成圆形或椭圆形，中心亮，边缘渐暗，不具备旋臂结构的星系。

　　[8] 螺旋星系：是指有多条旋臂从中心或中心附近呈螺旋形向外延展的星系，主要包括旋涡星系和棒旋星系两大类。

　　[9] 不规则星系：指外形不规则，没有明显的核和旋臂，没有盘状对称结构或者看不出有旋转对称性的星系。

11

地球妈妈的洗尘仪式
流星秀

　　玛克亚姆·高尔基说过："人必须像天上的星星，永远很清楚地看出一切希望和愿望的火光，在地上永远不熄地燃烧着火光。"

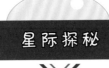

"嘀 &*#&……"追梦号的屏幕上再次跳跃出一串串乱码，这是虫洞中强大的磁场对飞船控制系统的干扰。

"咻……"出口到了，飞船恢复稳定，朱雀熟悉的声音在机舱内响起："智能定位系统开启，这里是太阳系－木卫二附近，时间：2050 年 3 月 30 日。"

"太好了，终于回到太阳系了！咦，太白，我们去了那么多地方，怎么时间还只是 3 月 30 日啊？哦，让我猜猜……嗯，一定是穿越虫洞对时间流速产生了影响。"

"我也是这样想的，小智，你的科研思维真是越来越强大了，这趟太空考察真是没白去！"太白赞许道。

这时，追梦号上的通信系统发出了一声高于一声的提示信号："叮！叮！叮！叮！叮！叮……"小智连忙点开留言箱，发现信箱都快

过载了，里面全是爸爸妈妈发来的信息，还有几封是来自马腾上将的紧急呼叫信息。看来，自己穿过虫洞跳跃到陌生空间后，地球上的酒泉控制中心失去了追梦号持续发回的定位信号，以为自己遭遇了什么不测呢，毕竟在太空中，一切皆有可能。爸爸妈妈一定是急坏了！小智赶紧打开视频通信系统，连线地球，经过一段信号延迟后，屏幕上终于跳出了太空中心控制室熟悉的画面。

"儿子，你终于出现啦，真是太好了！太好了……"妈妈看到小智精神百倍的样子，忍不住失声痛哭。

"孩子，你遇到了什么？知道吗？我们失去你的信号已经整整5 天零 8 小时 36 分！我们向追梦号发出了无数个信号，全都石沉大海，我们以为……"爸爸的眼睛里布满了血丝，显然已经很久没有休息了。

"小智，能跟我们说说你遭遇到了什么吗？"马腾上将拍了拍爸爸的肩膀，问出了大家最想问的问题。

"这几天的经历，真是太神奇了！你们听了以后一定会非常激动的。话说考察冥王星之后，我深入柯伊伯带，想到更远的深空观察我们的太阳系，就在那里，我们掉进了一个虫洞……"小智简单地叙述了这几天梦幻般的遭遇。

"什么？虫洞！天哪，前几天探测到的木星异常信号居然是虫洞！我们求之不得的虫洞！"这下，马腾上将坐不住了，他"腾"地站起来，开始在控制室里转圈，"这个虫洞通往银河系外的宇宙，这个虫洞很安全。不行，我得马上再派出一艘太空船，这回我要亲自去体验一下……"

然而，非常不幸的是，几乎同一时刻，监测木星区域的巡天系统发来最新数据，显示异常信号正在快速衰减，这意味着虫洞入口正在关闭！显然，想要穿越虫洞，又需要等待下一个时机了。

总控室里的科学家不禁深深地羡慕起小智出奇的好运气，同时又暗暗为他捏了一把汗，这要是再晚一步返回，一旦虫洞关闭，小智岂不是被流放到异空间了么！想到这里，小智的爸爸再也无法保持冷静，只见他一个箭步抢过话筒："小智，这次的太空考察你已经经历得够多了，赶紧返航吧，你再不回来，我和你妈妈都要垮掉了！"

"爸爸妈妈，不要着急，我现在非常安全，而且已经启动了返航程序，放心吧，我马上就能回到你们身边了！"自从打开视频

通信，看到爸妈以后，小智的心情也很激动，对家人的思念再也无法遏制。他一边作着保证，一边开始设置返航程序，他要以最快的速度回家。他选择了先以光速模式推进到月球附近，再以常规模式返回地球。待小智进入减压舱，太白启动了光速模式，追梦号化成一道虚影，向地球前进。

"抵达月球，退出光速模式！"随着朱雀的报告，小智被重新唤醒。看着出现在视野里的那颗美丽的蓝色星球，小智百感交集。

"警报！警报！……"沉浸在回家喜悦中的小智被朱雀的尖嗓音给惊得跳了起来，"前方有危险，飞船进入自动避让状态！前方

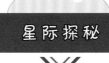
有危险，飞船进入自动避让状态！"

小智急忙问："太白，发生什么事了，飞船怎么报警了呢？"

看着小智一脸惊恐，太白强憋着笑，故意不回答他。不慌不忙地取消了警报，并命令朱雀打开了追梦号的防护罩。

"太白，你倒是说话呀！到底怎么了，怎么还开启防护罩了呢？"小智焦急地拉着太白问，太白也不说话，直接指了指舷窗。

小智看了一眼舷窗，不看还好，这一看可不得了，直接吓得大叫：

"天呐，太白，怎么回事？我们不是到达地球附近了吗？怎么会有这么多陨石朝我们飞来？完了完了，这下完了，我们的飞船肯定要被砸个千疮百孔，然后我们就完蛋了！回家路上竟然出事故了，我想我的爸爸妈妈，我想吃我妈做的菜，我……"

"小智，别担心好吗！都在太空经历这么多了，怎么还是大惊小怪、毛毛躁躁的，我们开的可是追梦号，哪能这么容易就坏了！有我在，你就放一百颗心吧！"太白边说边手动调整了飞船的方向和位置，"呐，你过来看看，这一大片碎陨石块正朝着我们飞船的方向加速飞来，数量虽多，但是都很小，我们的防护罩应付它们绰绰有余。"太白镇定的解释道。

小智听了不好意思的一笑，赶紧坐到驾驶座上："哎呀，我刚从减压舱出来嘛，大脑还没反应过来，嘿嘿！不过这到底是怎么回事，怎么会有这么多的碎陨石呢？"

"这些碎陨石可是有个好听的名字，它们叫'**流星体**[1]'，就是地球人所说的流星。"太白回答。

"流星？流星体？跟流星雨有关系么？"小智一甩刚才的担忧，马上就变成了好奇宝宝，问个不停。

"想知道？自己想办法呗！"太白拍拍小智的肩打趣地说。

　　"哼，这还不好办！"小智说完便熟练地启动了数据图书馆，语音搜索"流星体"，认真、快速地翻阅起来，没一会儿他就得意地对太白说："流星体是太阳系内小至沙尘、大至巨砾成为颗粒状的碎片。流星体进入地球或其他行星的大气层后，发光并被看见的阶段则被称为流星。如果许多流星来自相同的方向，并在一段时间内相继出现，则称为流星雨[2]。"

　　"哎哟，学习能力不错嘛！那我再考考你，你知道流星体的成因吗？"

　　"这有什么难的，我刚才都认真看了！流星体的来源有很多，有太阳系形成初期遗留的尘埃物质，也有太阳系内天体撞击产生的碎片，还有彗星运行时遗留在轨道附近的碎片尘埃。许多流星体来自小行星彼此撞击后形成的碎片，已经知道的来源有月球和火星。当地球运转到这些残留物附近时，被地球的引力所吸引进入地球大气层，就形成了我们通常所说的流星。怎么样，还不赖吧！"小智得意地说。

　　"厉害，能在这么短时间内吸收到这么多信息！"

　　"太白，快看，这些流星体已经开始进入大气层了，超漂亮诶！"小智激动地喊道。

　　太白看着眼前这个激动得又蹦又跳的小屁孩淡定地说："小智，你仔细看舷窗外的这些陨石，它们的个头都不是很大，现在它们飞进地球大气层，和大气高速摩擦，于是就开始燃烧，成了你在地球上看到的流星。你看，特别亮的那颗就是**火流星**[3]，它们的质量要偏大一些，燃烧发出的光也更亮，进入大气层燃烧的时间也会久一些。而流星雨呢，顾名思义就是短时间内出现很多

太阳初期遗留的尘埃物质

天体撞击

彗星运行时遗留的碎片尘埃

流星，这些流星有着同一个来源，从地球上看是从一个点向四面八方进入大气层的，好像下雨一样，十分壮观。"

"嗯，真是太美了！太白你知道吗，地球上有很多人认为对着流星许愿，美梦就能成真，所以地球上的人们每次看到流星都很激动、很开心！当然，这只是人们对美好生活的一种寄托啦。"

小智出神地看着眼前这些漂亮的流星，只见它们拖着一条条长短不一的燃烧着的尾巴，数不清的小火球争先恐后地冲向地球。火红的流星映衬着蔚蓝的地球，美丽极了。

小智突然一拍脑袋，好像想起了什么！

"太白，赶紧多拍些照片，我好做笔记，图文并茂更生动！"

"收到！"

"太白，真没想到在返回地球之前，我还能在太空中看一场流星秀，和在地球上观看相比，真是太不一样了！"小智发出感慨，"咦！它们怎么越飞越快了？"

"这些流星体越靠近地球，地球对它的吸引力就越大，所以它进入大气层后速度就越来越快了。"太白简洁地回答道。

"对哦，引力原因，这些流星美得让我忘乎所以了，哈哈……我要趁流星消失前赶紧许个愿望。"说罢，小智闭上眼睛双手合十，嘴角泛起微微笑意。

"小智你许了什么愿望呀？"太白假装好奇地问。

"这……我可不能告诉你，说出来就不灵验了，哈哈！"小智笑着回答。

"哎哟，还跟我卖起关子了，不就是想做天文学家么。"

"哎！你又读取我的脑电波，在你这里我是什么秘密都藏不住了！"小智无奈地耸了耸肩。

小智和太白都静静地看着窗外快速远去的流星，刚开始的担忧和不安早就随着这些流星飞走了。不一会儿，进入地球大气层的这些拖着长长尾巴的流星体火光渐渐地变弱了，尾巴也慢慢地变短变小了，一颗一颗逐渐地暗淡下来，最后都消失了，宇宙空间又平静如昔，放眼望去只剩下了这颗大大的蓝色星球。

火流星

"谁能想到这么平静的空间，刚刚有一群耀眼的流星经过呢！"小智若有所思地感叹道。

"是啊，宇宙看似平静，其实呢，瞬息万变，你永远都不知道下一秒会遇见什么，经历什么，宇宙探险就是一次次充满未知的

奇遇。小智，你以后还会再来吗？"太白问道。

想到这一路以来的种种震撼及收获，小智坚定地回答："当然

229

会，我一定还会再来的！"

小智原本的困意在这场偶遇的流星雨中跑得无影无踪。看着蓝色星球越来越近，他陷入了深思：流星的生命很短暂，但在生命的尽头也是绚烂而耀眼的，它的美丽成为人们心中的永恒，我也该做些什么让自己的生活充满光亮！

"太白，你看流星稍纵即逝，但是人们对它的喜爱却是无休止的，还赋予了它美好的愿望，我也想像流星那样让自己的生命发

光发亮，你有什么好的建议吗？"小智转过头看着太白说。

"我想想，"太白思考了一会儿说，"有了，回到地球上后，你可以把自己这段时间在宇宙中的所见所闻写成一个个动人的小故事，让地球上没能来到太空的小朋友们也能跟你一样感受到宇宙的奇妙与浩瀚。我想，小朋友也一定会很喜欢的，你觉得呢？"

"这个主意好像很不错哦！哈哈，那我不是能变成一个作家啦！"小智开心地说，"不过当下，我还是赶紧把刚才的经历记录下来吧，俗话说'好记性不如烂笔头'！"

"飞船即将到达目的地，请做好准备！"朱雀传来温馨提示，可是此时的小智正在奋笔疾书，专心致志的他压根就没听到朱雀的声音！太白不忍去打扰他，便自己跟地面联系，做好了飞船的降落准备。

说也巧，飞船刚刚停稳，小智就合上航行日志开心地说："哈哈，最后一次记录完成喽！咦？怎么就已经降落了？我怎么什么感觉都没有？"

"哈哈，你太投入了！叫你好几次都没听到，好啦，赶紧出去吧，大家都等着呢！朱雀，打开舱门！"

"舱门打开中，请等候！"听了太白的指示，朱雀开启了舱门。

随着飞船舱门缓缓打开，小智看到焦急等待着自己归来的爸爸妈妈，立马冲出去紧紧地跟他们相拥在一起，一家人热泪盈眶！在场人员用热烈的掌声欢迎安全归来的小智。

"爸爸妈妈，我真是太想你们了，见到你们真好！"小智边说边擦眼泪。

"傻孩子，别哭了，回来就好，回来就好。"妈妈含着眼泪摸着小智的头。

"好啦，大家都还等着呢，我们先去会议室吧！"

"没事，才刚落地，你这当爸爸的这么着急干吗，先让小智休息一会儿吧！"马腾上将在旁赶忙说道。

"报告上将，我一点都不累，我可以马上进行工作汇报！"小智有模有样地立正站好，向上将敬了一个标准队礼。

"哈哈，你这个淘气的小机灵，那好吧，我们现在就去会议室。"马腾上将拍拍小智的肩说。

小智牵着爸爸妈妈的手，与马腾上将一起并排向会议室走去，其他工作人员一并尾随着。

到了会议室后，小智像模像样地打开笔记本，让太白配合他，将之前的照片、视频用**全息投影**[4]的方式展示给大家看。小智讲得眉飞色舞，大家也听得津津有味，还时不时地发出赞叹和掌声。对小智这次不寻常的太空之旅，大家都非常羡慕。

"好啦，这些就是我本次旅程的所有重要发现和记录！"小智边说边合上了笔记本。

会议室里爆发出了热烈的掌声！

"小小年纪就有了这么多发现，真是了不起啊！"

"真勇敢！"

"这些发现够我们研究很久了！"

"小智，你这次的宇宙探险完成得非常出色。刚才我们商量了一下，作为你本次探险的奖励，日后太白就跟着你，做你的'哆啦A梦'，追梦号随时听你差遣，去往太空。当然，出发之前还是要事先走个报备流程哦，我们要保护好你的安全！"上将对小智认真地说。

"什么？太白跟我？追梦号也由我使用？上将您说的是真的吗？"

"当然，我怎么会骗你！"

"耶！好诶！这真是太棒了！"小智高兴得一蹦三尺高。

"不过，还有个条件。"

"条件？什么条件？只要让我能继续去宇宙探险，别说一个，十个我都答应！"小智按捺不住地说。

"因为你的意外参与，追梦号的这次测试和原计划有了很大的差异，所幸，一切都比原计划更完美。要知道，追梦号上装载着我国自主研制的最先进的太空探测技术，有不少尚在保密级别。因此，你老爸为你向学校请假的理由是你去参加了太空基地的一个研学项目，回学校后你得把这个说法圆过去，能办到吗？"上将一脸严肃地看着小智。

"这个好办，就包在我身上吧！"小智拍着胸脯认真地说。

"不过，你在这次太空考察中有那么多的收获，不分享实在是太可惜。"马腾上将沉思了一会儿，马上就有了主意，"这样吧，我让太空基地文创团队的叔叔阿姨来协助你，你把自己的太空考察经历写下来，或许还能成为一本畅销书呢。哦，还有，经过这次实践，你的太空考察能力已经远远超过了同龄人，我建议你回校挑选几个天文方面比较出色的小伙伴跟着你一起学习，成立一个天文小组。我想，在不远的将来，你一定能成为一名出色的天文学家。"

马腾上给小智出完主意后，拿起了通信器："小孙，请你来一趟会议室。"

"小孙是我的助理，由她来帮助你和文创团队沟通合作吧。"

小智仿佛看到了自己成为天文学家的样子，他激动地对着马腾上将敬了一个队礼："谢谢您，上将！保证完成任务！"

"那我们就一言为定！"

"一言为定！"小智跟上将郑重地握了握手。

会议结束后，小智赶紧拉着妈妈说："妈妈，我们快回家吧，我都饿死了！"

"你这个小淘气！走吧！"妈妈刮了一下小智的鼻子慈爱地说。

"太白！走吧，跟我回家去尝尝我妈妈的厨艺吧！保证是你没吃过的美味！"

"你这是在调侃我吗？明明知道我是机器人不吃饭菜！"

"哈哈哈……"大家都发出了笑声。

小智还真是个调皮鬼！

太空环游笔记

　　[1]流星体：流星体是太阳系内颗粒状的碎片，其大小可以小至沙尘，大至巨砾，是直径介于100微米至10米之间的固态天体。

　　[2]流星雨：在夜空中有许多的流星从天空中一个点发射出来的天文现象。我们一般用流星雨辐射点所在的星座或附近比较明亮的星名来命名这个流星群，例如双子座流星雨的辐射点就位于双子座中。

　　[3]火流星：看上去非常明亮的一种流星。流星体质量较大（质量大于几百克），进入地球大气后来不及在高空燃尽而继续闯入稠密的低层大气，以极高的速度和地球大气剧烈摩擦，产生出耀眼的光亮。火流星消失后，有时会留下云雾状的长带，称为"流星余迹"，可存在几秒钟到几分钟，甚至几十分钟。

　　[4]全息投影：也称虚拟成像，全息投影技术为不使用屏幕就能记录并再现物体真实的三维立体图像的技术。

图书在版编目（ＣＩＰ）数据

太空环游记. 星际探秘 / 星星姐姐著. -- 长沙 :湖南科学技术
出版社，2020.10（2022.8重印）
ISBN 978-7-5710-0636-5

Ⅰ．①太⋯ Ⅱ．①星⋯ Ⅲ．〔 外太空－少儿读物Ⅳ．①V11-49

中国版本图书馆 CIP 数据核字(20⌐ 第 129270 号

太空环游记 星际探秘

著　　者：星星姐姐

出 版 人：潘晓山

责任编辑：邹　莉 刘羽洁

出版发行：湖南科学技术出版社

社　　址：长沙市芙蓉中路一段416号泊富国际金融中心

　　　　　http://www.hnstp.com

湖南科学技术出版社天猫旗舰店网址：

　　　　　http://hnkjcbs.tmall.com

印　　刷：长沙市雅高彩印有限公司

　　　　　（印装质量问题请直接与本厂联系）

厂　　址：长沙市开福区中青路1255号

邮　　编：410153

版　　次：2020 年 10 月第 1 版

印　　次：2022 年 8 月第 2 次印刷

开　　本：710mm×1000mm　1/16

印　　张：15.75

字　　数：132 千字

书　　号：ISBN 978-7-5710-0636-5

定　　价：49.00 元